新型农民职业技能培训系列丛书

# 建筑装饰装修工

朱倩 主编

中国农业科学技术出版社

**图书在版编目（CIP）数据**

建筑装饰装修工 / 朱倩主编 . —北京：中国农业科学技术出版社，2011.8

ISBN 978 -7 -5116 -0553 -5

Ⅰ. ①建…　Ⅱ. ①朱…　Ⅲ. ①建筑装饰 - 工程装修 - 基本知识　Ⅳ. ①TU767

中国版本图书馆 CIP 数据核字（2011）第 131613 号

**责任编辑**　朱　绯
**责任校对**　贾晓红

**出 版 者**　中国农业科学技术出版社
北京市中关村南大街 12 号　邮编：100081
**电　　话**　(010)82106638(编辑室)　(010)82109704(发行部)
(010)82109709(读者服务部)
**传　　真**　(010)82106624
**网　　址**　http://www.castp.cn
**经 销 者**　各地新华书店
**印 刷 者**　中煤涿州制图印刷厂
**开　　本**　850mm ×1 168mm　1/32
**印　　张**　4.5
**字　　数**　117 千字
**版　　次**　2011 年 8 月第 1 版　2011 年 8 月第 1 次印刷
**定　　价**　15.00 元

## 《建筑装饰装修工》

## 编委会

主 编 朱 倩

编 者 刘 鹏 肖 凯 王力兵 陈 南

林德忠 鹤一飞

# 序　言

农村劳动力转移，是我国从城乡二元经济结构向现代社会经济结构转变过程中的一个重大战略问题。解决好这个问题，不仅直接关系到从根本上解决农业、农村、民生问题，而且关系到工业化、城镇化乃至整个现代化的健康发展。十七届三中全会《决定》中继续强调“引导农民有序外出就业”的同时，特别提出“鼓励农民就近转移就业，扶持农民工返乡创业”。因此，顺应农民对小康生活的美好期待，抓住时机，进一步加大对农村劳动力转移培训力度，大力发展劳务经济，对稳定和提高农民收入，开创社会主义新农村建设的新局面，具有十分重要的现实意义。

为便于实施劳动力转移技能培训，配合国家有关政策的落实，特别是针对开展以提高农村进城务工人员、就业与再就业人员就业能力和就业率为目标的职业技能培训，我们依据相应职业、工种的国家职业标准和岗位要求，组织有关专家、技术人员和职业培训教学人员编写了这套“易看懂、易学会、用得上、买得起”的全国农民工职业技能短期培训教材，以满足广大劳动者职业技能培训的迫切需要。

这套教材涉及了第二产业和第三产业的多个职业、工程，针对性很强。适用于各级各类教育培训机构、职业学校等短期职业技能培训使用，特别是针对农村进城务工人员培训、就业与再就业培训、企业培训和劳动预备制培训等，同时也是“农家书屋”的首选图书；在此，也欢迎职业学校、培训机构和读者对教材中的不足之处提出宝贵意见和建议。

编　者

2011 年 5 月

# 目　录

# 第一单元　常用装饰装修材料

## 模块一　石膏制品

### 一、石材概述

石材是指从沉积岩、岩浆岩、变质岩三大岩系的天然岩体中开采出的岩石，经过加工、整形而成板状、块状和柱状材料的总称。凡具有一定块度、强度、稳定性、可加工性以及装饰性能的天然岩石，均称为石材。

大理石、花岗石、板石统称为天然石料。天然石料目前主要用于装饰板材，用作装饰板材的天然石料必须具备一定的块度和强度，可加工性和装饰性。也就是说天然石料虽然花纹和颜色美观协调，富有装饰性，但没有一定的块度和强度，切不出可需要的荒料和板材，就不能称为饰面石材。反之亦然。

### 二、大理石

(一) 定义

大理石是指以大理石为代表的一类装饰石材，包括碳酸盐岩和与其有关的变质岩，主要成分为碳酸盐矿物，一般质地较软，其晶粒细小、结构致密、抗压能力强、吸水率低、耐磨、易于加工成形。表面经磨光和抛亮后，色泽鲜艳，除单色外，大多具有美丽的天然颜色和花纹。大理石一般含有氧化铁、二氧化硅、云母、石墨等杂质，使大理石呈现红、黄、棕、绿、黑等各色斑驳纹理，纯净的大理石为白色，又称汉白玉。

(二) 分类、等级

1. 普通型板（PX）：正方形或长方形的板材；圆弧板

(HM)：装饰面轮廓线的曲率半径处处相同的饰面板材。

2. 按板材的规格尺寸允许偏差、平面度允许极限公差，角度允许极限公差，外观质量、镜面光泽度分为优等品（A）、一等品（B）、合格品（C）三个等级。

（三）用途

常用于室内墙面、地面、柱面、楼梯的踏步面、服务台台面、卫生间洗手池台面，以及新开发的石材拉手、扶手等。由于大理石质软、耐磨性差，故在人流较大的场所不宜作为地面装饰材料。

（四）包装、标志、贮存与运输

1. 包装

（1）包装不允许使用易染色的材料。

（2）按板材品种、等级分别包装，并附产品合格证，其内容包括产品名称、规格、等级、批号、检验员、出厂日期。

（3）包装应满足在正常情况下安全装卸、运输的要求。

2. 标志

（1）包装箱上应标明企业名称、商标、标记，必须有“向上”和“小心轻放”的标志。

（2）对安装顺序有要求的板材，应标明安装顺序号。

3. 贮存与运输

（1）板材应在室内贮存，室外贮存应加遮盖。

（2）板材宜直立码放，应光面相对，倾斜度不大于15°，层间加垫，高不超过1.5米。

（3）板材不应直接立在地面上，应有垫板，雨季应有排水，不允许积水。

（4）按板材品种、规格、等级或安装部位的编号分别码放。

（5）运输时应注意防潮，严禁滚摔、碰撞，应该轻拿轻放。

## 三、花岗岩

### （一）定义

花岗石是指以花岗岩为代表的一类装饰石材，包括各类具有装饰性、成块性及可加工性的岩浆岩和以碳酸盐矿物为主的变质岩，如其主要矿物成分为长石、石英及少量云母和暗色矿物。常呈现均粒状斑纹及发光云母微粒，其颜色主要有肉红色、花白色、灰色、灰红相间等，以深色花岗石较为名贵。花岗石构造致密、强度高、密度大、吸水率极低、材质坚硬、耐磨，属硬石材。

### （二）分类

1. 按形状分

（1）普形板材（PX）：正方形或长方形的板材。

（2）圆弧板材（HM）：装饰面轮廓线的曲率半径处处相同的饰面板材。

（3）异型板材（YX）：普型板和圆弧板以外的其他形状板材。

2. 按表面加工程度分

（1）镜面板（JM）。

（2）亚光板（YG）：饰面平整细腻，能使光线产生漫反射现象的板材。

（3）粗面板（CM）：指饰面粗糙规则有序，端面锯切整齐的板材。

3. 按板材规格尺寸偏差、平面度公差、角度公差、外观质量分

普形板材按板材规格尺寸偏差、平面度公差、角度公差、外观质量分为优等品（A）、一等品（B）、合格品（C）三个等级。弧面板按规格尺寸偏差、直线度公差、线轮廓度公差、外观质量分为优等品（A）、一等品（B）、合格品（C）三个等级。

（三）用途

花岩石是建筑装饰材料中的贵重材料，多用于高档的建筑工程，如宾馆饭店、酒楼、商场的室内外墙面、柱面、墙裙、地面、楼梯、台阶、踢脚、栏杆、扶手、踏步、水池水槽、造型面、门拉手、扶手的装饰，还用于吧台、服务台、收款台、展示台等的装饰。

（四）贮存与运输

花岗岩应在室内贮存，室外贮存应加遮盖。花岗岩应按品种、规格、等级或工程料部位分别码放。花岗岩直立码放时，应光面相对，倾斜度不大于15°，层间加垫，垛高不超过1.5米；花岗岩平放时，应光面相对，地面必须平整，垛高不超过1.2米。包装箱码放高度不超过2米。花岗岩在运输过程中应防潮，严禁滚摔、碰撞。

**四、板石**

板石是指具有板状构造，沿板理面可剥成片，可作装饰材料用的，经过轻微变质作用形成的浅变质岩。如硅质板岩、黏土质板岩、云母质板岩、粉砂质板岩等。

板石品种多按颜色而定，有黑板石、灰板石、绿板石、黄板石、红板石、紫板石、棕板石、铁锈红和铁锈黄板石等。板石的矿物成分复杂，多数由黏土类矿物组成，板石的颜色则由于黏土类矿物所含杂质不同，而形成不同颜色。纯净者色近青白色，有机质高呈黑色。板石的板理面上若有白云母则有繁星点点的感觉。

石材中常有锈斑、色斑、色线、空洞与坑窝等缺陷，影响石材的装饰价值。

1. 锈斑

是硫化物氧化产生的土状褐铁矿与硫酸所致，它们降低了石材的强度，又影响美观。硫化物（主要为黄铁矿）呈团状、斑杂状、条带状分布时不能作饰面石材。呈细粒均匀散布，危害较小，但其含量一般应小于4%。

2. 色斑

是由岩石中的析离体、残留体、捕虏体或不同成分的集合体构成的。当它们无规律分布时则降低石材的观赏价值。

3. 色线

常由后成的细脉构成，如具可拼性时则无害，反之妨碍美观。

4. 空洞与坑窝

空洞一般是晶洞，也可是易溶矿物溶解后形成的砂眼、砂槽。坑窝可能是片状矿物或石英颗粒，因它们与周围的矿物硬度不同，加工时易剥落或崩落成凹坑，影响石材的美观与强度。

# 模块二　陶瓷制品

## 一、陶瓷概念

### （一）陶器

陶器通常有一定吸水率，断面粗糙无光，不透明，敲之声粗哑，有的无釉，有的施釉。根据土质分为粗陶、精陶。粗陶不上釉，即建筑上常用的黏土砖、瓦。精陶一般分两次烧成，吸水率在12%～22%，室内墙面用的釉面砖多属于此类。

### （二）瓷器

瓷器的坯体致密，基本上不吸水，有一定的半透明性，有釉层，比陶器烧结度高。瓷器色洁白、强度高、耐磨性好，其表面多施有釉层（某些特种砖不施釉，甚至颜色不白，但烧结程度很好），又分为粗瓷和细瓷两种。

### （三）炻器

炻器制品是介于陶器与瓷器之间的一类产品，也称为半瓷。我国科技文献中称其为原始瓷器。坯体气孔率很低，介于陶器和瓷器之间。

## 二、产品分类

### （一）室内墙砖

主要适用于厨房、卫生间和医院等需要经常清洗的室内墙面。常用的是浅色、透明的品种，也有选用深色或有浮雕的艺术砖及腰线等。

釉面内墙砖具有热稳定性好，防火、防潮、耐酸碱腐蚀、坚固耐用、易于清洁等特点。

1. 彩釉砖、炻质砖

吸水率在6%~10%，干坯施釉一次烧成，颜色丰富，多姿多彩，经济实惠。

2. 釉面砖

分为闪光釉面砖、透明釉面砖、普通釉面砖、浮雕釉面砖和腰线砖（饰线砖）。

（1）闪光釉面砖，分为结晶釉砖和砂金釉砖，其中砂金釉是釉内结晶呈现金子光泽的细结晶的一种特殊釉，因形状与自然界的沙金石相似而得名。

（2）透明釉面砖，透明釉面砖是指釉料经高温熔融后生成的无定形玻璃体，坯体本身的颜色能够通过釉层反遇出来。

（3）普通釉面砖，一般为白色，分有光、无光两种，吸水率小于22%。

（4）浮雕釉面砖，是釉上彩绘的一种。

（5）腰线砖，用于腰间部位的长条砖。

3. 釉面内墙砖的贮存与运输

应在干燥的室内贮存，并按品种、规格、级别分别整齐堆放。在施工铺贴前，一般要浸水2小时以上，再取出晾干至无明水时，才可进行铺贴，否则，干砖粘贴后会吸走水泥浆中的水分，影响水泥的正常水化、凝结硬化，降低了黏结强度，从而造成空鼓、脱落现象的发生。

（二）外墙面砖

1. 陶瓷外墙面砖是指用于建筑外墙装饰的陶质或炻质类别的面砖。陶瓷外墙面砖一般同时具有结构致密、硬度大、抗冲击能力强、耐磨等地面砖的性质，大多数外墙面砖都可以作为室内外地砖使用，亦称墙地砖。但两者在使用要求上也不尽相同。

2. 陶瓷外墙面砖的色彩丰富，品种较多，按其表面上釉和不上釉分为彩釉砖和无釉砖。彩釉砖采用多种色釉进行着色，生产出各种色调的面砖。无釉面砖又称无光面砖，对于一次烧成的无釉面砖，可在泥料中加入各种金属氧化物进行人工着色，如白、灰、米黄、紫红和咖啡等色。

3. 陶瓷外墙面砖的表面有平滑或粗糙的不同质感，通过配料和改变制作工艺，可制成平面、麻面、毛面、磨光面、抛光面、纹点面、仿花岗石表面、压花浮雕表面、无光釉面、金属光泽面、防滑面、耐磨面等，以及丝网印刷、套花图案、单色、多色等多种制品。

4. 陶瓷外墙面砖由于受风吹日晒、冷热交替等自然环境的影响较严重，要求外墙面砖的结构致密，抗风化能力和抗冻性强，同时具有防火、防水、耐腐蚀等性能。为了增强面砖与基层的黏结力，背面一般要求做出凹凸状的沟槽。

（三）室内地面砖

应选择耐磨防滑的地砖，多为瓷质砖，也有陶质砖，经常选用以下几个品种：

1. 有釉、无釉各色地砖

有白色、浅黄、深黄等，色调要均匀，砖面平整、抗腐、耐磨。

2. 红地砖

吸水率不大于8%，具有一定的吸湿、防潮性，多用于卫生间、游泳池。

3. 瓷质砖

吸水率不大于2%，耐酸耐碱、耐磨度高、抗折强度不小于25兆帕，适用于人流量大的地面。

4. 陶瓷锦砖

密度高、抗压强度高、耐磨、硬度高、耐酸、耐碱，多用于卫生间、浴室、游泳池和宜清洁的车间等室内外装饰工程。

5. 梯侧砖（防滑条）

有多种色或单色，带斑点，耐磨、防滑，多用于楼梯踏步、台阶、站台等处。

## 模块三 装饰石材

人造石材是指人造大理石和人造花岗石。人造的建筑装饰板块材料，属于聚酯混凝土或水泥混凝土系列。人造石的花纹、图案、色泽可以人为控制，是理想的装饰材料。它不仅质轻、强度高，而且耐磨蚀、耐污染、施工方便，这几年发展很快。

### 一、水磨石

#### （一）分类

1. 按制品在建筑物中的使用部位分为墙面和柱面用水磨石（Q）；地面和楼面用水磨石（D）；踢脚板、立板和三角板类水磨石（T）；隔断板、窗台板和台面板类水磨石（G）。

2. 按制品表面加工程度分为磨面水磨石（M）和抛光水磨石（P）。

#### （二）标记

1. 标记方法

产品标记由牌号（商标）、类别、等级、规格和标准号组成。

2. 标记示例

规格为400毫米×400毫米×25毫米的钻石牌一等品地面用

抛光水磨石标记为：钻石牌水磨石 DPB400×400×25 JC507。

3. 等级

水磨石按其外观质量、尺寸偏差和物理力学性能分为优等品（A）、一等品（B）和合格品（C）。

**二、聚酯型人造石材**

聚酯型人造饰面石材（简称人造大理石）是以不饱和聚酯为黏结剂，与石英砂、大理石、方解石粉等搅拌混合，在室温下固结成型，再经脱模、烘干、抛光后制成的一种人造石材。使用不饱和聚酯，产品光泽好、色浅、颜料省、易于调色。同时这种树脂黏度低、易于成型、固化快。成型方法有浇筑成型法、压缩成型法和大块荒料成型法。

聚酯型人造石材的主要特点是光泽度高、质地高雅、强度硬度较高、重量轻（比天然大理石轻25%左右）、厚度薄、耐磨、耐水、耐寒、耐热、耐污染、耐腐蚀性好、花色可设计性强，并有较好的可加工性，能制成弧形、曲面等形状，施工方便。缺点是填料级配若不合理，产品易出现翘曲变形。

聚酯型人造石材是模仿大理石、花岗岩的表面纹理加工而成，具有类似大理石、花岗岩的机理特点，色泽均匀、结构紧密。高质量的聚酯型人造石材的物理力学性能等于或优于天然大理石，但在色泽和纹理上不及天然石材美丽自然柔和。

聚酯型人造饰面石材其物理、化学性能好，花纹容易设计，有重现性，适用多种用途，比较常用。但价格相对较高。

**三、复合人造石材**

这种板材底层用价格低廉而性能稳定的无机材料，面层用聚酯和大理石粉制作。无机材料可用各种水泥，有机单体可用甲基丙烯酸甲酯、醋酸乙烯、丙烯腈等。这些单体可以单独使用，可组合使用，也可以与聚合物混合使用。

**四、烧结人造石材**

人造饰面石材可用于制造工艺品，如仿玉雕品、仿石雕等工艺艺术品，还能用于装饰室内墙面、地面、柱面、楼梯面板、服务台面等部位。

烧结人造饰面石材因耗能大，造价高，在实际中不常使用。烧结人造饰面石材，是将斜长石、石英、辉石、方解石粉和赤铁矿粉及部分高岭土按比例混合（一般配比为黏土 40%、石粉 60%），制备坯料，用半干压法成形，经窑炉 1 000℃左右的高温焙烧而成。

因人造饰面石材原材料的影响，有不少室外工程的人造饰面石材效果不理想。主要表现是老化快、色彩变化大、光泽度变化大，使用一段时间后，饰面板就严重变形，四个角往上翘，有的工程不得不用膨胀螺栓将其固定。因此，人造饰面石材不宜大面积用于室外。

# 模块四　木材装饰材料

## 一、木材基本知识

### （一）树木的特征和用途

我国的树木有 7 000多种，分为灌木和乔木两大类。按树叶的形状和大小不同，乔木通常分为针叶树和阔叶树两大类。针叶树的叶呈针形，平行叶脉，树干长直高大，纹理通直，一般材质较轻软，容易加工。阔叶树的叶呈大小不同片状，网状叶脉，大部分材质较硬，经刨削加工后表面有光泽，纹理美丽、耐磨。目前，木材在建筑工程中主要用于建筑装饰装修。

### （二）木材的缺点

#### 1. 虫眼

新砍伐的树木受到昆虫的蛀蚀而形成的孔眼，叫做虫眼。虫眼分为大虫眼、小虫眼、表皮虫沟三类。

（1）大虫眼，指虫孔的最小直径在 3 毫米以上的虫眼。

（2）小虫眼，指虫孔的最小直径不足 3 毫米的虫眼。

（3）表皮虫沟，指昆虫蛀蚀木材的深度不足1厘米的虫沟或虫害。

害虫不仅给树木和木材带来病害，影响木材的装饰性，而且降低木材的强度，因此必须加以防治。

2. 节子

由树干上的枯枝条或活枝条在树干长出处形成的，叫做节子，又名木节。根据节子质地及其与周围木材相结合的程度，分为漏节、活节、死节等。

（1）漏节，本身的木质构造已大部分破坏，而且已深入树干内部，和树干内部腐朽相连。

（2）活节，与周围木材全部紧密相连，质地坚硬，构造正常。严格地讲，活节实际不能称为木材的缺陷，它使木材纹理复杂，形成千变万化的花纹，如旋形、波浪形、皱纹形、山峰形、鸟归形，给建筑装饰装修带来特殊的效果。

（3）死节，与周围木材部分脱离或完全脱离，质地有的坚硬（死硬节），有的松软（松软节），有的本身已开始腐朽，但没有透入树干内部（腐朽节）。死节在板材中往往脱落而形成空洞。

节子会给木材加工带来困难，如锯材时遇到节子，进料速度要放慢，不然会损坏锯齿。节子会使局部木材形成斜纹，加工后材面不光滑，易起毛刺或劈槎，影响装饰木制品的美观。此外，节子还破坏木材的均匀性，降低强度。

3. 裂纹

因外力、温度、湿度的改变，使得木材纤维之间发生脱离的现象，叫做裂纹。根据开裂方向和开裂部位不同，分为干裂、轮裂和径裂等。

（1）干裂，由于木材干燥不匀而引起的裂纹。一般都分布在木材身上，在断面上分布的亦与材身上分布的外露裂纹相连，一般统称为纵裂。

（2）轮裂，在木材断面沿年轮方向开裂的裂纹。轮裂有成整圈的（环裂）和不成整圈的（弧裂）两种。

（3）径裂，是在木材断面内部，沿半径方向开裂的裂纹。

4. 腐朽

受腐朽菌的侵染，使木材的颜色和结构发生了变化，严重时使木材变得松软、易碎，最后变成了干的或湿的软块，称之为腐朽。腐朽分为外部腐朽和内部腐朽。

（1）外部腐朽，分布在树干的外围，大多是由于伐倒木或枯立木受腐朽菌侵染而形成的。

（2）内部腐朽，分布在树干内部，大多是由于立木受腐朽菌的侵染而形成。

初期腐朽对材质影响较小。腐朽后期，不但对材色、外形等装饰性有所改变，而且对木材的强度、硬度等有很大影响。因此，在承重结构中不允许采用带腐朽的木材。

5. 斜纹

斜纹即木材中由于纤维排列得不正常而出现的纵向倾斜纹。在圆木中斜纹呈螺旋状的扭转，在圆材的横断面上，纹理呈倾斜状。斜纹也可能人为所致。如由于下锯方法不正确，把原来为通直的纹理和年轮切断，通直的树干也会锯出斜纹来。人为斜纹与干材纵轴所构成的角度愈大，则木材强度也降低得愈多，因此，在高级用材中对人为斜纹必须严格限制。

**二、人造木质板材**

（一）普通胶合板

胶合板用胶粘贴椴、杨、松、桦等木材单板而成。由奇数层薄片组成，故称之为多层板或多夹板，如三合板、五合板、七合板、九厘板等。胶合板的特点是板材幅面大，易于加工，板材的纵向与横向抗拉强度和抗剪强度均匀，适应性强，板面平整，收缩性小，避免了木材的开裂、翘曲等缺陷，木材利用率高，常用于建筑室内及家具装饰的饰面和隔断材料。胶合板是目前用量较多，使用较广的人造板材之一。

普通胶合板分为三类。

（1）Ⅰ类胶合板，即耐气候胶合板，供室外条件下使用，能通过煮沸试验。

（2）Ⅱ类胶合板，即耐水胶合板，供潮湿条件下使用，能通过（63±3）℃热水浸渍试验。

（3）Ⅲ类胶合板，即不耐潮胶合板，供干燥条件下使用，能通过干状试验。

（二）纤维板

1. 纤维板的分类

根据板材密度的不同，纤维板分成硬质纤维板（密度在0.8克/立方厘米以上）、半硬质纤维板（也称中密度板，密度在0.4～0.8克/立方厘米范围内）和软质纤维板（密度在0.4克/立方厘米以下）。硬质、半硬质纤维板强度大，适合于各种建筑装饰装修，制作家具。软质纤维板具有保温、隔热、吸声、绝缘性能好等特点，主要适用于建筑装饰装修中的隔热、保温、吸声等，并可用于电气绝缘板。中密度纤维板是近年来国内外迅速发展的一种新型的木质人造板，简称MDF，具有组织结构均匀、密度适中、抗拉强度大、板面平滑、易于装饰等特点。

2. 纤维板的特点

（1）各部分构造均匀，硬质和半硬质纤维板含水率都在20%以下，质地坚实，吸水性和吸湿率低，不易翘曲、开裂和变形。

（2）同一平面内各个方向的力学强度均匀。硬质纤维板强度高。

（3）纤维板无节疤、变色、腐朽、夹皮、虫眼等木材中通见的疾病，称为无疾病木材。

（4）纤维板幅面大，加工性能好，利用率高。1立方米纤维板的使用率相当于3立方米木材。纤维板表面处理方便，是进行二次加工的良好基材。

（5）原材料来源广，制造成本低。

# 模块五　金属装饰材料

## 一、不锈钢板

不锈钢板主要是借助其表面的光泽特性及金属质感达到装饰的目的。不锈钢板根据表面光泽程度可分为镜面板、亚光板和浮雕板。

1. 不锈钢镜面板

不锈钢镜面板的反光率可达95%以上，表面平滑、光亮，可形成映像。此种板常用于建筑物墙面、柱面反光率较高的部分。为防止镜面板表面在加工和施工过程中受到磨损，常加贴一层保护膜，待施工完毕后再揭去。

2. 不锈钢亚光板

不锈钢亚光板的反光率在50%以下，其光泽柔和，常用于室内外装饰，可产生柔和、稳重的艺术效果。

3. 不锈钢浮雕板

不锈钢浮雕板是不锈钢板经过辊压、研磨、腐蚀或雕刻等工艺后形成的表面具有立体感浮雕纹路及不锈钢光泽的一种装饰板材。

## 二、彩色涂层钢板

彩色涂层钢板（彩涂板或彩板）是以冷轧钢板（带）或镀锌钢板（带）为基础板材，经表面（脱脂、磷化、铬酸盐等）处理后，涂上各种保护装饰涂层烘烤而制成的一种装饰板材。常用的涂层有无机涂层、有机涂层和复合涂层，其中以有机涂层应用较多。彩色涂层钢板强度高、刚性好、耐腐蚀性强，并且具有良好的加工性。钢板有红、蓝、乳白等多种颜色，涂层附着力强，二次加工也不会被破坏。此种板常用于建筑外墙板、吊顶板、外墙板、屋面板等，也可作为通风管道、排气管道等。

## 三、轻钢龙骨

轻钢龙骨是以冷轧钢板（带）、镀锌钢板（带）或彩色喷塑钢板（带）为原料，采用冷弯工艺制成的薄壁型钢。轻钢龙骨按用途分为隔断龙骨和吊顶龙骨。

轻钢龙骨具有强度高、自重轻、弯曲刚度大、抗震性能良好、防火性能良好、安装方便等特点，可用水泥压力板、岩棉板、石膏板、胶合板等板材与之配套使用，适用于各类场所的隔断和吊顶的装饰。

## 四、铝合金装饰板

铝合金装饰板是以纯铝或铝合金为原料，经辊压、冷加工制成的饰面板材。主要有铝合金花纹板、铝合金波纹板和压型板、铝合金穿孔吸声板。

### 1. 铝合金花纹板

铝合金花纹板是采用防锈铝合金等坯料，用表面有特制花纹的轧辊轧制而成的板材。这种板材不易磨损、防滑性能好、耐腐蚀性强、便于冲洗，通过表面处理可以得到不同的颜色，花纹美观大方，板面平整，裁剪尺寸精确，便于安装。

### 2. 铝合金波纹板和铝合金压型板

铝合金波纹板和铝合金压型板是采用纯铝或铝合金平板，用波纹机和压型机轧制而成的异型断面板材。这两种板材具有质量轻、刚度大、耐腐蚀性强、外形美观、色彩丰富、装饰效果好、使用年限长等特点，适用于建筑物的墙面和屋面装饰。

### 3. 铝合金穿孔吸声板

铝合金穿孔吸声板是采用机械加工方法，在铝合金板材上冲出孔径大小、形状、间距不同的孔洞，以满足室内吸声和装饰要求的板材。

铝合金穿孔吸声板根据声学原理，利用板材上形状、大小不同的组合孔，达到吸声、降噪的目的。此外，它还具有质量轻、强度高、耐腐蚀、防潮、防火、化学稳定性好的特点，在建筑装饰中，造型美观，立体感强，装配简单，维修方便。

### 五、蜂窝芯铝合金复合板

蜂窝芯铝合金复合板的外表层是厚度为0.2～0.7毫米的铝质薄板，中心层为用铝箔、玻璃布或纤维纸制成蜂窝结构，铝板表面喷涂聚合物着色保护涂料。

蜂窝芯铝合金复合板具有如下特点：精度高，外观平整；强度高，质量轻；复合板中间芯的蜂窝结构所形成的众多密闭空气腔，使其具有优良的保温、隔热、隔声、防震性能；板材表面喷涂聚合物着色保护涂料，具有良好的耐腐蚀性和耐气候性，可长久保持鲜艳的色彩；易于成型，可加工成各种弧形、圆弧拐角和棱边拐角；施工简单，可以完全采用装配式作业。

### 六、铝合金门窗

铝合金门窗是由表面处理过的铝合金型材，经过下料、打孔、铣槽、攻螺纹等加工工艺而制成的门窗框架，再与玻璃、连接件、密封件、五金件等组合装配而成。铝合金门窗具有如下特点：质量轻，强度高；耐腐蚀，坚固耐用；密封性能好；施工简单，工效高，装饰效果好。

## 模块六　裱糊材料及地毯

### 一、裱糊材料

裱糊材料又称饰面卷材。裱糊材料品种、花色甚多，如纸基壁纸、塑料壁纸、玻璃纤维贴墙布、无纺墙布、织锦缎、微薄木等。由于裱糊材料饰面在色彩、花纹、质感等装饰效果上要比油漆、涂料等更为丰富，并且施工粘贴方便、造价较低，因此在室内装饰中被广泛地应用。

1. PVC 塑料壁纸

PVC 塑料壁纸是以纸为基材，在上面涂布或压延一层 PVC 糊状树脂，再经印刷、压花或发泡而成。它具有美观、耐久、装饰效果好、表面可以清洗、抗肥皂水和抗化学侵蚀性强等特点，适用于各种建筑的内墙或顶棚贴面装饰。如图 1－1 所示。

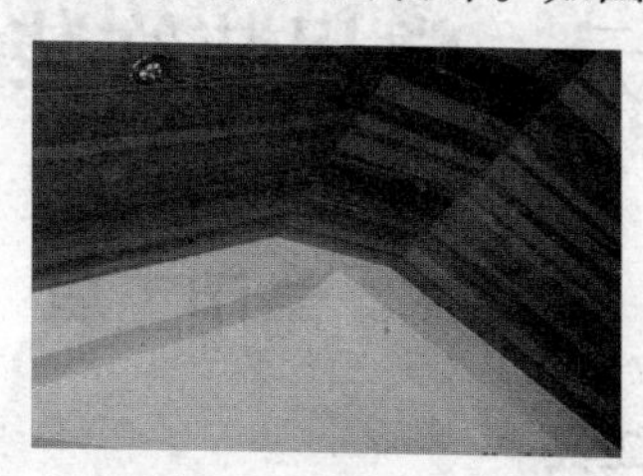

**图 1－1　PVC 塑料壁纸**

2. 织物壁纸（布）

织物壁纸（布）是以纸或纱布为基材，以天然植物纤维（如羊毛、棉、麻、丝等）或人造纤维（如涤纶、腈纶等）织成面层，经涂敷、压合加工而成，具有无毒、无塑料气味、抗静电、不褪色、质感丰富、花色品种多样、色调典雅等特点，其耐晒、耐磨性能，吸声强度均高于塑料壁纸。如图 1－2 所示。

**二、地毯**

地毯除具有隔热、防潮、保温、吸声、防滑、柔软、舒适等特点外，还可以达到多数材料难以实现的富贵华丽、赏心悦目的装饰效果。地毯的等级不同，使用的场所也不同。通常等级高的地毯适合磨损较大的地面使用，等级低的地毯适合磨损较小的地面使用。如图 1－3 所示。

**图 1－2　织物壁纸**

**图 1－3　地毯**

# 第二单元　常用装饰装修机具

## 模块一　常用工具

### 一、常用手工工具

#### 1. 抹子（表2－1）

表2－1　常用抹子参数表

| 序号 | 名称 | 构造 | 用途 | 示意图 |
|---|---|---|---|---|
| 1 | 铁抹子 | 方头或圆头两种 | 抹底层灰或水刷石、水磨石面层 | |
| 2 | 钢皮抹子 | 外形与铁抹子相似，但比较薄，弹性大 | 用于抹水泥砂浆面层等 | |
| 3 | 压子 | | 水泥砂浆面层压光和纸筋石灰、麻刀石灰罩面等 | |
| 4 | 铁皮 | 用弹性好的钢皮制成的 | 小面积或铁抹子伸不进去的地方抹灰或修理，以及门窗框嵌缝等 | |
| 5 | 塑料抹子 | 用聚乙烯硬质塑料制成，有方头和圆头 | 纸筋石灰、麻刀石灰面层压光 | |

（续表）

| 序号 | 名称 | 构造 | 用途 | 示意图 |
|---|---|---|---|---|
| 6 | 木抹子（木蟹） | 方头和圆头两种 | 砂浆的搓平和压实 | |
| 7 | 阴角抹子（阴角抽角器、阴角铁板） | 尖角或小圆角两种 | 阴角抹灰压实压光 | |
| 8 | 圆阴角抹子（明沟铁板） | | 水池等阴角抹灰及明沟压光 | |
| 9 | 塑料阴角抹子 | 用聚乙烯硬质塑料制成 | 纸筋石灰、麻刀石灰面层阴角压光 | |
| 10 | 阳角抹子（阳角抽角器、阳角铁板） | 有尖角和小圆角两种 | 阳角抹灰压光、做护角线等 | |
| 11 | 圆阳角抹子 | | 防滑条捋光压实 | |
| 12 | 捋角器 | | 捋水泥抱角的素水泥浆，做护角等 | |
| 13 | 小压子（抿子） | | 细部抹灰压光 | |
| 14 | 大、小鸭嘴 | | 细部抹灰修理及局部处理等 | |

2. 木制手工工具（表2-2）

**表2-2　常用木制手工工具参考表**

| 序号 | 名称 | 规格 | 构造 | 用途 | 示意图 |
|---|---|---|---|---|---|
| 1 | 托灰板 | | | 抹灰操作时承托砂浆 | |
| 2 | 木杠（大杠） | 250~350<br>200~250<br>150左右<br>（厘米） | 长杠中杠短杠 | 刮平地面和墙面的抹灰层 | |
| 3 | 软刮尺 | 80~100（厘米） | | 抹灰层找平 | |
| 4 | 八字靠尺（引条） | 长度按需截取 | | 做棱角的依据 | |
| 5 | 靠尺板 | 厚板 | 3~3.5（米） | 厚板和薄板两种抹灰线，做接角 | |
| 6 | 钢筋卡子 | 直径8毫米 | | 卡紧靠尺板和八字靠尺用 | |
| 7 | 方尺（兜尺） | | | 测量阴阳角方正 | |
| 8 | 托线板（吊担尺、担子板） | 长12米 | 配以小线铜线锤 | 靠尺垂直 | |
| 9 | 分格条（米厘条） | | 断面及尺寸视需要而定 | 墙面分格及做滴水槽 | |

（续表）

| 序号 | 名称 | 规格 | 构造 | 用途 | 示意图 |
| --- | --- | --- | --- | --- | --- |
| 10 | 量尺 | | 木制折尺和钢卷尺 | 丈量尺寸 | |
| 11 | 木水平尺 | | | 用于找平 | |
| 12 | 阴角器 | | | 墙面抹灰阴角刮平找直用 | |

3. 刷子和盛水工具（表2－3）

**表2－3　刷子和盛水工具**

| 序号 | 名称 | 构造 | 用途 | 示意图 |
| --- | --- | --- | --- | --- |
| 1 | 长毛刷（软毛刷子） | | 室内外抹灰、洒水用 | |
| 2 | 猪鬃刷 | | 刷洗水刷石、拉毛灰 | |
| 3 | 鸡脚刷 | | 用于长毛刷刷不到的地方，如阴角等 | |
| 4 | 钢丝刷 | | 用于清刷基层 | |
| 5 | 茅草帚 | 茅草扎成 | 用于木抹子搓平时洒水 | |
| 6 | 小木桶 | 铁皮制或油漆空桶代用 | 作业场地盛水用 | |
| 7 | 喷壶 | 塑料或白铁皮制 | 洒水用 | |
| 8 | 水壶 | 塑料或白铁皮制 | 浇水用 | |

4. 砂浆拌制、运输、存放工具（表2-4）

**表2-4　砂浆拌制、运输、存放工具**

| 序号 | 名称 | 规格 | 构造 | 用途 | 示意图 |
|---|---|---|---|---|---|
| 1 | 铁锹（铁锨） | | 分尖头和平头两种 | | |
| 2 | 灰镐 | | | 手工拌和砂浆用 | |
| 3 | 灰耙（拉耙） | | 有三齿和四齿 | 手工拌和砂浆用 | |
| 4 | 灰叉 | | | 手工拌和砂浆及装砂浆用 | |
| 5 | 筛子 | 筛孔 | 10、8、5、3、15、1（毫米） | 筛分砂用 | |
| 6 | 灰勺 | | 长把和短把两种 | 舀砂浆用 | |
| 7 | 灰槽 | | 铁制和木制两种 | 储存砂浆 | |
| 8 | 磅秤 | 吨级 | | 称量砂、石灰膏 | |
| 9 | 运砂浆小车 | | 铁制胶轮 | 运砂浆用 | |
| 10 | 运砂手推车 | | 铁制胶轮 | 运砂等材料用 | |
| 11 | 料斗 | 0.3～0.5立方厘米 | 铁制 | 起重机运输抹灰砂浆时的转运工具 | |

5. 其他手工工具（表 2－5）

表 2－5　其他手工工具

| 序号 | 名称 | 构造 | 用途 | 示意图 |
| --- | --- | --- | --- | --- |
| 1 | 粉线包 | | 弹水平线和分格线 | |
| 2 | 墨斗 | | 弹线用 | |
| 3 | 分格器（劈缝溜子或抽筋铁板） | | 抹灰面层分格 | |
| 4 | 滚子（滚筒） | 直径 200～300 钢管、内灌混凝土 | 地面压实 | |
| 5 | 钻子、手锤 | | 清理基层，剔凿孔眼用 | |
| 6 | 溜子 | 按缝宽用不同直径钢筋砸扁制成 | 用于抹灰分格缝 | |

**小提示：**要熟悉各类工具工作的作用，同时，使用时要注意安全。

## 二、常用机具

1. 砂浆搅拌机

砂浆搅拌机（图 2－1）是建筑装饰抹灰的常用拌和机具，或称灰浆拌和机。现场使用的砂浆搅拌机一般为强制式，也有利用小型鼓筒混凝土搅拌砂浆。砂浆拌和机还可拌和罩面的灰浆、纸筋灰等，实现一机多用。

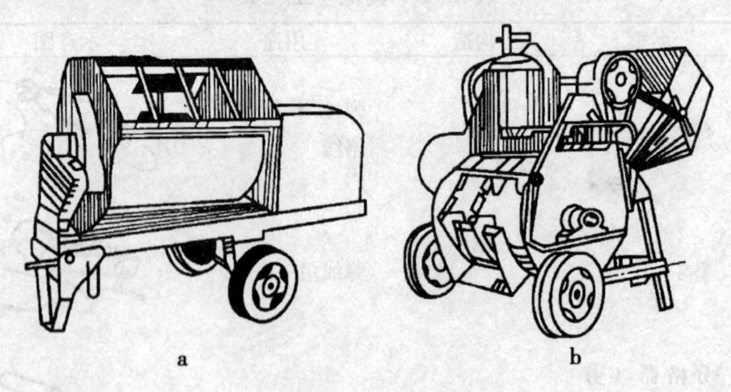


a. 倾翻出料式；b. 底侧活门式

**图 2－1　砂浆搅拌机**

2. 粉碎淋灰机

粉碎淋灰机是加工生石灰块使之成为石灰膏的机械。机体为筒形，内装转轴、甩锤和淋水管等机构，对加入筒内的石灰块进行锤击，使之破碎并淋浇清水令石灰渣进行化学反应。浆液经筒的底筛过滤后流出到石灰池中，待水分渗入地层或蒸发后，石灰的熟化反应也彻底完成，石灰池中即形成质地细腻松软的洁白石灰膏。采用淋灰机的优点是节省了淋灰池淋灰的时间并能提高石灰利用率。图 2－2 为 FL－16 型淋灰机示意图，采用此机淋灰时可使石灰的利用率达 95% 以上。

使用淋灰机时，应注意事先去除未烧透的石灰石。这种石灰石不得加入淋灰机，否则会因其质地坚硬而损坏机件；即使是在机内强行破碎亦不能使之产生熟化反应。同时还应注意，大块的生石灰块也应预先打碎后再投入淋灰机内。当淋灰机的底筛损坏后，要及时进行修复，否则会影响石灰骨的质量。

3. 纸筋灰搅拌机

国产搅拌纸筋灰的机械主要有两种：一种由搅拌筒和小钢磨

两部分组成（图2－3）；另一种为搅拌筒内同一轴上分别装有搅拌螺旋片和打灰板（图2－4）。二者的特性相同，机体的前部为搅拌装置，后部为磨（打）细装置。纸筋灰搅拌机主要用于搅拌纸筋石灰膏、玻璃丝石灰膏和其他纤维石灰膏。

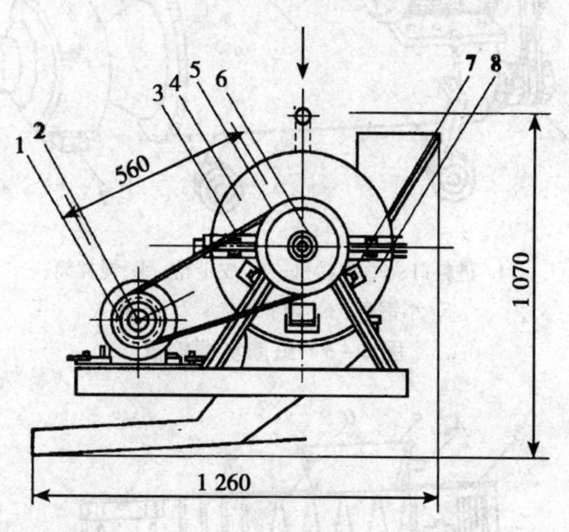


1. 小皮带轮；2. 钩头楔键；3. 胶垫；4. 筒体上部；
5. 大皮带；6. 挡圈；7. 支承板；8. 筒体下部

**图2－2　FL－16型淋灰机（单位：毫米）**

4. 灰浆泵

灰浆泵主要用于输送、喷涂和灌注灰浆等工作，兼具垂直及水平运输的功能。目前有两种形式：一种是活塞式灰浆泵，一种是挤压式灰浆泵。活塞式灰浆泵按活塞与灰浆作用情况不同可分为直接作用式、圆柱形隔膜式、片状隔膜式、柱塞直给式和灰气联合泵等。

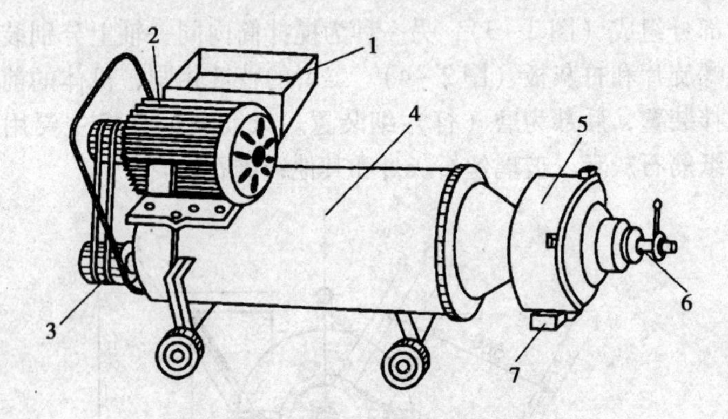


1. 进料口；2. 电动机；3. 皮带轮；4. 搅拌筒；
5. 小钢磨；6. 调节螺栓；7. 出料口

**图 2－3 纸筋灰搅拌机**

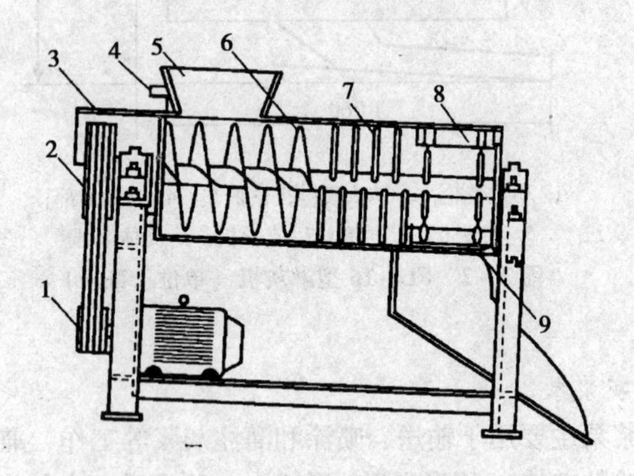


1. 电动皮带轮；2. 大皮带轮；3. 防护罩；4. 水管；
5. 进料斗；6. 螺旋片；7. 打灰板；8. 打料板；9. 出料口

**图 2－4 纸筋灰搅拌机**

# 模块二　涂料装饰工具

## 一、手工工具

1. 基层处理工具

基层处理工具如图 2－5 所示，主要有锤子、刮刀、锉刀、刮铲和钢丝刷等，用于打、磨、敲、铲，清除基层面上的锈斑、污垢、附着物和尘土等。

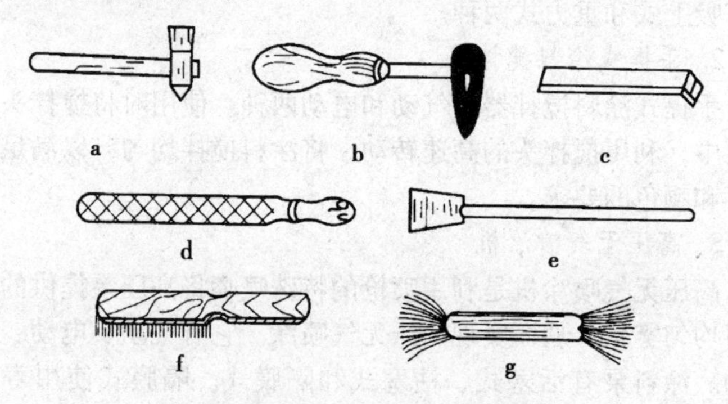


a、b. 尖头锤；c. 弯头刮刀；d. 圆纹锉；
c. 刮铲；f. 钢丝刷；g. 钢丝束

**图 2－5　手用基层处理工具**

2. 涂料施涂工具

施涂工具如图 2－6 所示，主要有油刷、排笔、涂料辊。

油刷：用于涂刷黏度较大的涂料，是手工涂饰的主要工具。

排笔：由于排笔的刷毛质地较软，适用于涂刷黏度较低的涂料。

涂料辊：用于涂刷大面积的涂料。

## 二、喷涂器（机）具

1. 标准喷枪

标准喷枪主要用于精细类涂料或油漆类涂料的表面喷涂。料

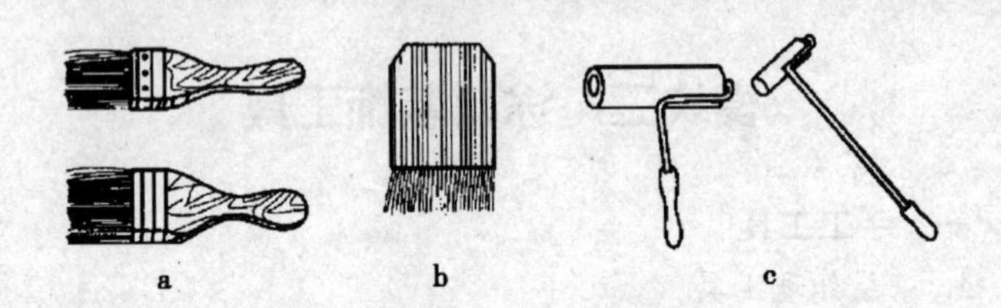


a. 油刷；b. 排笔；c. 涂料辊

**图 2-6　涂料施涂工具**

斗有吸上式和重力式两种。

2. 手提式涂料搅拌器

手提式涂料搅拌器有气动和电动两种。使用时将搅拌头放入涂料中，利用搅拌头的高速转动，将涂料搅拌均匀，以满足涂料稠度和颜色的要求。

3. 高压无气喷涂机

高压无气喷涂机是利用喷枪的特殊喷嘴将高压泵提供的高压涂料均匀雾化，从而实现高压无气喷涂。它有气动、电动、燃气三种。涂料泵有活塞式、柱塞式和隔膜式。隔膜式使用寿命较长，适合喷涂水性和油性涂料。

# 模块三　木工施工工具

## 一、电锯

电锯，用于切割木材、纤维板、塑料和软电缆常用工具。便携式木工电圆锯，自重量轻，效率高，是装饰施工最常用的。如图 2-7 所示。

1. 构造

便携式木工电圆锯由电机、锯片、锯片高度定位装置和防护装置组成。选用不同锯片切割相应材料，可以大大提高效率。

2. 使用要点

(1) 使用电锯时，锯割时不得滑动工件夹紧。在锯片吃入工件前，就要启动电锯，转动正常后，按画线位置下锯。锯割过程中，改变锯割方向，可能会产生卡锯、阻塞、甚至损坏锯片。

**图 2－7　电圆锯**

（2）切割不同材料，最好选用不同锯片，如纵横组合式锯片，可以适应多种切割；细齿锯片能较快地锯割软、硬木的横纹；无齿锯片还可以锯割砖、金属等。

（3）要保持右手紧握电锯，左手离开。同时，电缆应避开锯片，以免妨碍作业和锯伤。

（4）锯割快结束时，要强力掌握电锯，以免发生倾斜和翻倒。锯片没有完全停转时，人手不得靠近锯片。

（5）更换成片时，要将锯片转至正常方向（锯片上有箭头表示）。要使用锋利锯片，提高工作效率，也可避免钝锯片长时间摩擦而引起危险。

**二、手提式电刨**

手提式电刨，是用于刨削木材表面的专用工具。体积小，效率高，比手工刨削提高工效十倍以上。同时刨削质量也容易保证，携带方便。如图 2－8 所示。

1. 构造

手提式电刨由电机、刨刀、刨刀调整装置和护板等组成。

2. 使用要点

（1）使用前，要检查电刨的电绝缘情况，零部件是否完好，确认没有问题后，方可投入使用。

（2）根据电刨性能，调节刨削深度，提高效率和质量。

图2－8　手提式电刨

（3）双手前后握刨，推刨时平稳均匀地向前移动，刨到端头时应将刨身提起，以免损坏刨好的工作面。

（4）刨刀片用钝后即卸下重磨或更换。

（5）按使用说明书及时进行保养与维修，延长电刨使用寿命。

### 三、地板刨平机和磨光机

地板刨平机，用于木地板表面粗加工，保证安装的地板表面初步达到平整，如图2－9所示。地板磨光机是进一步磨光和装饰的机具，如图2－10所示。

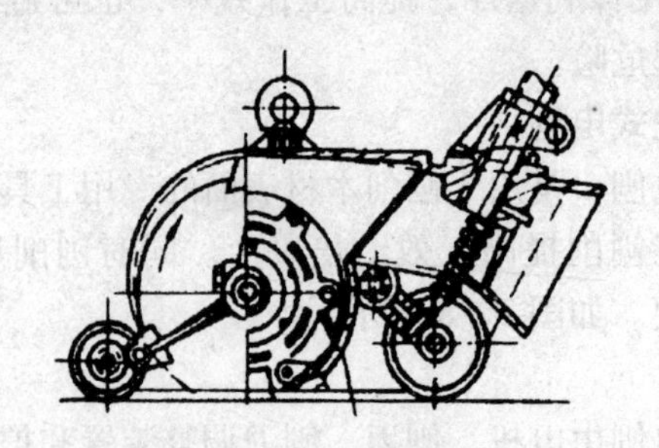

图2－9　地板刨平机

1. 构造

地板刨平机和磨光机分别由电动机、刨刀滚筒、磨削滚筒、刨刀、机架等部分组成。

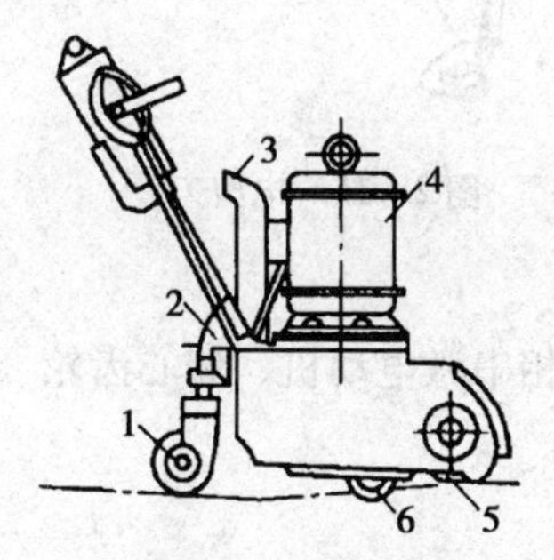


1. 后滚轮；2. 托座；3. 排泄管；4. 电动机；5. 磨削滚筒；6. 前滚轮

**图 2－10　地板磨光机**

2. 使用要点

（1）使用前要检查机械各部紧固润滑等情况，尤其是工作机构滚筒、刨刀完好情况，保证刨刀完好锋利。

（2）刨平工作一般分两次进行，即顺刨和横刨。第一次刨削厚度 2～3 毫米，第二次刨削为 0.5～1 毫米。

（3）操作磨光机要平稳，速度均匀。高级硬木地板磨光时，先用带粗砂纸的磨光机打磨，后用较细的砂纸磨削，最后用盘式磨光机研磨。机械难以磨削的作业面，应使用手持磨光机进行打磨。

（4）工作结束后，要切断电源，及时擦拭保养机具。

# 模块四　门窗施工机具

## 一、电剪

电剪刀，是用来剪切镀锌钢板、薄钢板等板材的有效机具。它能剪切 1.5 毫米以下的金属板、塑料板等。剪切效率高，操作方便，使用安全，可以剪切各种几何形状的工件，修剪边角，如

图2－11所示。

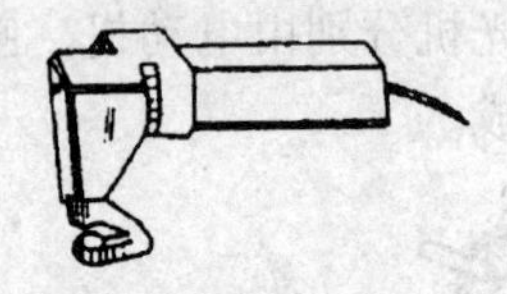

图2－11　电剪刀

1. 构造

电剪刀主要由单相串激电动机、偏心齿轮、外壳、刀杆、刀架、上下刀头等组成。

2. 工作原理

电动机的旋转运动，经过二级齿轮变速后，由偏心轴带动连杆做往复运动，使随连杆运动的上刀片与相对固定的下刀片之间做剪切运动。

## 二、手电钻

手电钻，是装饰装修作业中最常用的电动工具。它对金属、塑料、木材等进行钻孔作业。根据使用电源种类的不同，手电钻有单相串激电钻、直流电钻、三相交流电钻等，近年来更发展了可变速、可逆转或充电电钻。在形式上，也有直头、弯头、双侧手柄、枪柄、后托架、环柄等多种形式，如图2－12所示。

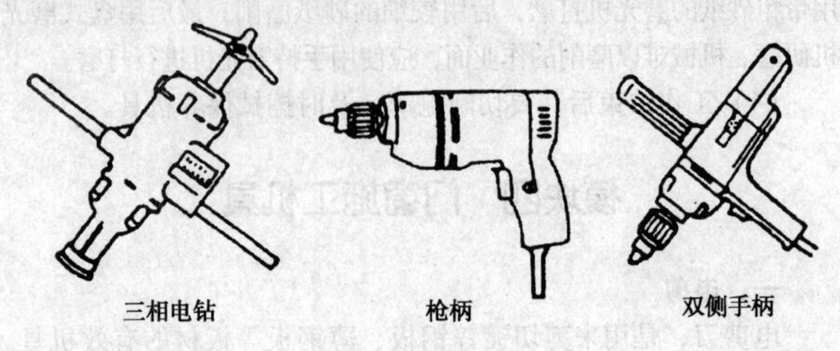


图2－12　手电钻

1. 构造

手电钻结构简单，一般为单相电机直接带动钻卡头。直流电钻则配置电池盒。

2. 使用要点

（1）手电钻应在标准规定的环境条件下使用。

（2）使用前，检查电钻各部零件完好情况，特别是绝缘情况。电线、插头完好，钻头直径要与电钻钻孔能力相符。

（3）操作时，平稳进给，不得用力过猛过大。如遇钻机难以钻进或较大震动，立即停钻，退出钻孔检查。

（4）按使用说明书，定期保养，保持完好。

**三、射钉枪**

射钉枪，是一种直接完成型材安装紧固技术的工具，如图 2－13 所示。射钉枪是以弹内燃料为动力，将射钉打入钢铁、混

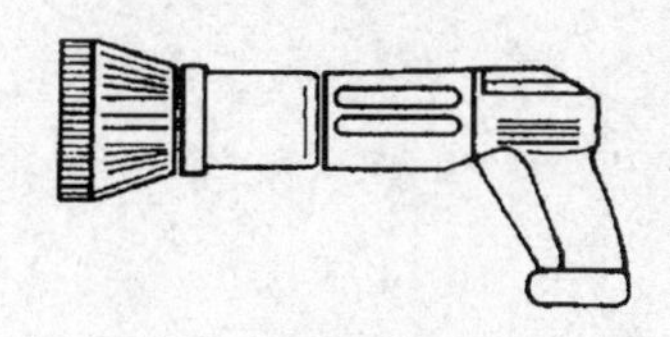

**图 2－13　射钉枪**

凝土和砖砌体中的方法。射钉枪直接将构件钉紧于需固定部位，如固定木件、窗帘盒、木护墙、踢脚板、挂镜线、固定铁件、铁板、钢门窗框、轻钢龙骨、吊灯等。

1. 构造

活塞、弹膛组件、击针、击针弹簧、钉管及枪体外套等组成射钉枪。轻型射钉枪有半自动活塞回位，半自动退壳。半自动射钉枪有半自动供弹机构。

2. 使用要点

（1）装钉子，将钉子装入钉管，借助通条将钉子推到底部。

（2）装射钉弹，把射钉弹装入弹膛，关于射钉枪，拉回前

半部，顺时针方向旋转到位。

（3）击发，将射钉枪垂直地紧压于工作面上，扣动扳机击发，如有弹不发火，重新把射击枪垂直压紧于工作面上，扣动扳机击发。如两次均不发出子弹时，应保持原射击位置数秒钟，然后将射钉弹退出。

（4）在使用结束时或更换零件之前，以及断开射钉枪之前，射钉枪不准装射钉弹。

（5）退弹壳，转动射钉枪的前半部分，拉向前，断开枪射，弹壳自动弹出。

（6）射钉枪要专人保管使用，并注意保养。

# 第三单元　墙面装饰装修工程施工

## 模块一　抹灰施工

抹灰类装饰是墙面装饰中最常用、最基本的做法，分为内抹灰和外抹灰。内抹灰主要是保护墙体和改善室内卫生条件，增强光线反射，美化环境。外抹灰主要是保护外墙身不受风雨雪的侵蚀，提高墙面的防水、防冻、防风化、防紫外线、保温隔热能力，提高墙身的耐久性，也是建筑物表面的艺术处理措施之一。抹灰饰面的特点是造价低廉、施工简便、效果良好。它包括一般抹灰、装饰性抹灰。

**一、施工准备**

1. 抹灰砂浆的种类有水泥砂浆、石灰砂浆、混合砂浆、聚合物砂浆、彩色水泥砂浆等，各种砂浆要严格按砂浆配合比配制。

2. 水泥要有性能检测报告，合格后方可使用，不得使用过期水泥。

3. 抹灰用石灰必须先熟化成石灰膏，常温下石灰的熟化时间不得少于15天，不得含有未熟化的颗粒。

4. 砂子分为粗、中、细三级，抹灰多用中砂，以河砂为主，要求砂子坚硬、干净。

5. 抹灰砂浆的外掺剂有增水剂、分散剂、减水剂、胶黏剂、颜料等，要根据抹灰的要求按比例适量加入，不得随意添加。

6. 砂浆的配合比要准确，以保证砂浆强度等级的准确性，且拌和要充分。

## 二、一般抹灰施工

### （一）施工工艺流程

基层处理→做灰饼、冲筋→抹底层、中层灰→抹面层灰。

### （二）施工要点

1. 基层处理

抹底层灰前，应对墙体基层进行处理，根据墙面材料的不同，处理的方法也不相同。先将基层表面清扫干净，将油污清洗掉，然后再进行下一道工序。

（1）砖墙基层抹灰，砖墙面由于手工砌筑，一般平整度较差，且灰缝中砂的饱和程度一样，也造成了墙面凹凸不平。所以在做抹底灰前，要重点清理基层浮灰、砂浆等杂物，然后浇水湿润墙面。

这种传统的施工方法必须用清水润湿墙体基面，既费工、费水又容易造成污染，同时也不利于文明施工，目前已有工程采用直接刮聚合物胶浆处理基层的施工方法，无需用水润湿基面。

（2）混凝土墙基层抹灰，混凝土墙体表面比较光滑，平整度也比较高，甚至还带有剩余的脱模油，这会对抹灰层与基层的黏结带来一定的影响，所以在饰面前应对墙体进行特殊的处理。可酌情选用下述三种方法：一是将混凝土表面凿毛后用水湿润，刷一道聚合物水泥砂浆；二是将1∶1水泥细砂浆（为质量比，下同，内掺适量胶黏剂）喷或甩到混凝土基体表面作毛化处理（甩浆）；三是采用界面处理剂处理基体表面。

（3）加气混凝土基层抹灰，轻质混凝土墙体表观密度小，孔隙大，吸水性极强，所以在抹灰时砂浆很容易失水导致无法与墙面有效黏结。处理方法是用聚合物水泥浆进行封闭处理，再进行抹底层。也可以在加气混凝土墙满钉镀锌钢丝网并绷紧，然后进行底层抹灰，效果比较好，整体刚度也大大增强。

（4）纸面石膏板或其他轻质墙体材料基体内墙，应将板缝按具体产品及设计要求做好嵌填密实处理，并在表面用接缝带（穿孔纸带或玻璃纤维网格布等防裂带）黏覆补强处理，使之形成稳固的墙面整体。

2. 做灰饼、标筋

（1）做灰饼。先用托线板全面检查墙体表面的垂直平整程度，根据检查的实际情况并兼顾抹灰总的平均厚度规定，决定墙面抹灰厚度。接着在2米左右高度，距墙两边阴角10~20厘米处，用底层抹灰砂浆（也可用1∶3水泥砂浆或1∶3∶9混合砂浆）各做一个标准标志块（灰饼），厚度为抹灰层厚度（一般为1~1.5厘米），大小为5厘米×5厘米，以这两个标准标志块为依据，再用托线板靠、吊垂直确定墙下部对应的两个标志块厚度，其位置在踢脚板上口，使上下两个标志块在一条垂直线上。标准标志块做好后，再在标志块附近墙面钉上钉子，拴上“小线”拉水平通线（注意“小线”要离开标志块1毫米），然后按间距1.2~1.5米加做若干标志块，凡窗口、垛角处必须做标志块，见图3－1。

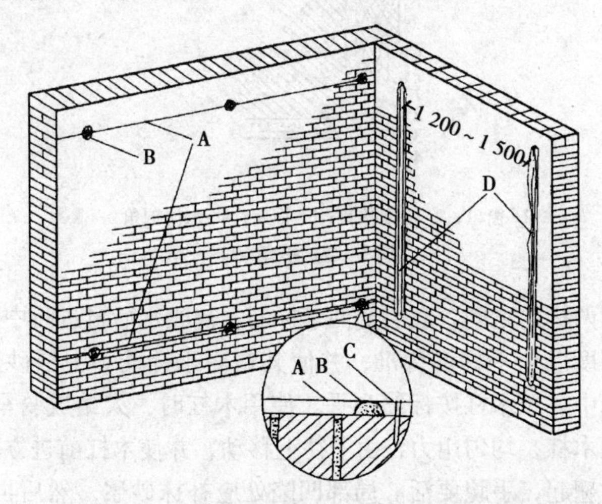


A. 引线；B. 灰饼（标志块）；C. 钉子；D. 标筋

**图3－1　挂线做标志块及标筋（单位：毫米）**

（2）标筋。标筋也叫冲筋，出柱头，就是在上下两个标志块之间先抹出一条长梯形灰埂，其宽度为 10 厘米左右，厚度与标志块相平，作为墙面抹底子灰填平的标准。做法是在两个标志块中间先抹一层，再抹第二遍凸出成八字形，要比灰饼凸出 1 厘米左右，然后用木杠紧贴灰饼左上右下来回搓，直至把标筋搓得与标志块一样平为止。同时要将标筋的两边用刮尺修成斜面，使其与抹灰层接槎顺平。标筋用砂浆，应与抹灰底层砂浆相同，标筋做法，见图 3－1。操作时应先检查木杠是否受潮变形，如果有变形应及时修理，以防止标筋不平。

3. 抹底层、中层灰

底层与中层抹灰在做好灰饼、标筋及门窗口做好护角（图 3－2）后即可进行。这道工序也叫装档或乱糙。方法是将砂浆

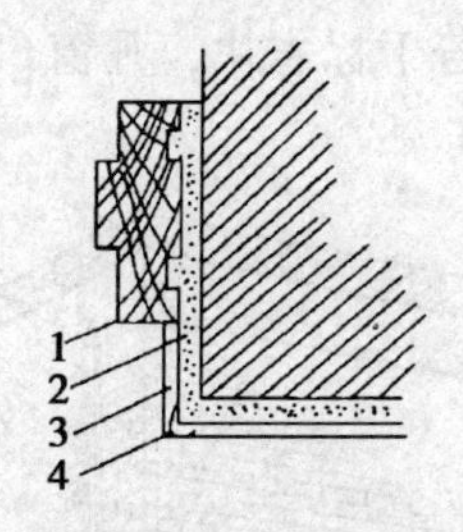


1. 窗口；2. 墙面抹灰；3. 面层；4. 水泥护角

**图 3－2　护角**

抹于墙面两标筋之间，底层要低于标筋，待收水后再进行中层抹灰，其厚度以垫平标筋为准，并使其略高于标筋。中层砂浆抹后，即用中、短木杠按标筋刮平。使用木杠时，人站成骑马式，双手紧握木杠，均匀用力，由下往上移动，并使木杠前进方向的一边略微翘起，手腕要活。局部凹陷处应补抹砂浆，然后再刮，直至普遍平直为止。紧接着用木抹子搓磨一遍，使表面平整密实。墙的阴角，先用方尺上下核对方正，然后用阴角器上下抽动扯平，使室内四角方正，如图 3－3 所示。

抹底子灰的时间应掌握好，不要过早也不要过迟。一般情况下，标筋抹完就可以装档刮平。但要注意如果筋软，则容易将标筋刮坏产生凸凹现象；也不宜在标筋有强度时再装档刮平，因为待墙面砂浆收缩后，会出现标筋高于墙面的现象，由此产生抹灰面不平等质量通病。

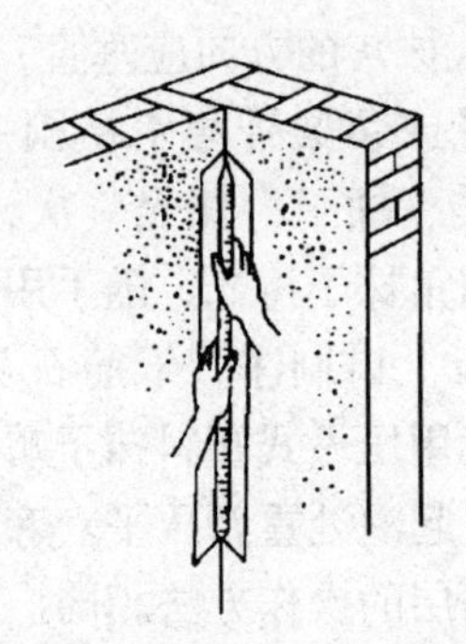

**图 3-3　阴角的扯平找直**

当层高小于 3.2 米时，一般先抹下面一步架，然后搭架子再抹上一步架。抹上一步架可不做标筋，而是在用木杠刮平时，紧贴下面已经抹好的砂浆上作为刮平的依据。当层高大于 3.2 米时，一般是从上往下抹。如果后做地面、墙裙和踢脚板时，要将墙裙、踢脚板准线上口 5 厘米处的砂浆切成直槎。墙面要清理干净，并及时清除落地灰。

4. 抹面层灰

室内常用的面层材料有麻刀石灰、纸筋石灰、石膏灰等。应分层涂抹，每遍厚度为 1~2 毫米，经赶平压实后，面层总厚度对于麻刀石灰不得大于 3 毫米；对于纸筋石灰、石膏灰不得大于 2 毫米。罩面时应待底子灰五六成干后进行。如底子灰过干应先浇水湿润。分纵、横两遍涂抹，最后用钢抹子压光，不得留抹纹。

(1) 纸筋石灰或麻刀石灰抹面层，纸筋石灰面层，一般应在中层砂浆六七成干后进行（手按不软，但有指印）。如底层砂浆过于干燥，应先洒水湿润，再抹面层。抹灰操作一般使用钢抹子或塑料抹子，两遍成活，厚度2~3毫米。一般由阴角或阳角开始，自左向右进行，两人配合操作。一人先竖向（或横向）薄薄抹一层，要使纸筋石灰与中层紧密结合，另一人横向（或竖向）抹第二层（两人抹灰的方向应垂直），抹平，并要压光溜平。压平后，如用排笔或茅柴帚蘸水横刷一遍，使表面色泽一致，用钢皮抹子再压实、揉平，抹光一次，则面层更为细腻光滑。阴阳角分别用阴阳角抹子捋光，随手用毛刷子蘸水将门窗边口阳角、墙裙和踢脚板上口刷净。纸筋石灰罩面的另一种做法是：两遍抹后，稍干就用压子式塑料抹子顺抹子纹压光。经过一段时间，再进行检查，起泡处重新压平。麻刀石灰面层抹灰的操作方法与纸筋石灰抹面层的操作方法相同。但麻刀与纸筋纤维的粗细有很大区别，纸筋容易捣烂，能形成纸浆状，故制成的纸筋石灰比较细腻，用它做罩面灰厚度可达到不超过2毫米的要求。而麻刀的纤维比较粗，且不易捣烂，用它制成的麻刀石灰抹面，厚度按要求不得大于3毫米比较困难，如果厚了，则面层易产生收缩裂缝，影响工程质量，为此应采取上述两人操作的方法。

（2）石灰砂浆面层，石灰砂浆面层，应在中层砂浆五六成干时进行。如中层较干时，需洒水湿润后再进行。操作时，先用钢抹子抹灰，再用刮尺由下向上刮平，然后用木抹子搓平，最后用钢抹子压光成活。

（3）刮大白腻子，内墙面面层可不抹罩面灰，而采用刮大白腻子。其优点是操作简单，节约技工。面层刮大白腻子，一般应在中层砂浆干透，表面坚硬呈灰白色，且没有水迹及潮湿痕迹，用铲刀刻画显白印时进行。大白腻子配比是，大白粉：滑石粉：聚酯乙烯乳液：羧甲基纤维素溶液（浓度5%）=60：40：(2~4)：75（重量比）。调配时，大白粉、滑石粉、羧甲基纤维素溶液应提前按配合比搅匀浸泡。面层刮大白腻子一般不少于两遍，总厚度1毫米左右。操作时，使用钢片或胶皮刮板，每遍按同一方向往返刮。

头道腻子刮后，在基层已修补过的部位应进行复补找平，待腻子干后，用0号砂纸磨平，扫净浮灰。待头遍腻子干燥后，再进行第二遍。要求表面平整，纹理质感均匀一致。阴阳角找直的方法是在角的两侧平面满刮找平后，再用直尺检查，当两个相邻的面刮平并相互垂直后，角也就找直了。

(三) 阴阳角抹灰

1. 抹灰前，用阴阳角方尺检查阴阳角的直角度，并检查垂直度，然后定抹灰厚度，浇水湿润。

2. 阴阳角处抹灰分别用木制阴角器和阳角器进行操作，先抹底层灰，使其基本达到直角再抹中层灰，使阴阳角方正。

3. 阴阳角找方应与墙面抹灰同时进行。

4. 中级抹灰要求阳角找方。对于除门窗口外，还有阳角的房间，则首先要将房间大致规方。方法是先在阳角一侧墙做基线，用方尺将阳角先规方，然后在墙角弹出抹灰准线，并在准线上下两端挂通线做标志块。

5. 高级抹灰要求阴阳角都要找方，阴阳角两边都要弹基线，为了便于做角和保证阴阳角方正垂直，必须在阴阳角两边都要做标志块和标筋。

(四) 顶棚抹灰

1. 施工工艺流程。

基层处理→找规矩→底、中层抹灰→面层抹灰。

2. 施工要点。

(1) 基层处理，混凝土顶棚抹灰的基层处理，除应按一般基层处理要求进行处理外，还要检查楼板有否下沉或裂缝。如为预制混凝土楼板，则应检查其板缝是否已用细石混凝土灌实，若板缝灌不实，顶棚抹灰后会顺板缝产生裂纹。近年来无论是现浇或预制混凝土，都大量采用钢模板，故表面较光滑，如直接抹灰，砂浆黏结不牢，抹灰层易出现空鼓、裂缝等现象，为此在抹灰时，应先在清理干净的混凝土表面用茅扫帚刷水后刮一遍水灰比为0.37～0.40的水泥浆进行处理，方可抹灰。

（2）找规矩，顶棚抹灰通常不做标志块和标筋，用目测的方法控制其平整度，以无明显高低不平及接槎痕迹为度。先根据顶棚的水平线，确定抹灰的厚度，然后在墙面的四周与顶棚交接处弹出水平线，作为抹灰的水平标准。

（3）底、中层抹灰，一般底层砂浆采用配合比为水泥：石灰膏：砂=1：0.5：1的水泥混合砂浆，底层抹灰厚度为2毫米。抹中层砂浆的配合比一般采用水泥：石灰膏：砂=1：3：9的混合砂浆，抹灰厚度为6毫米左右，抹后用软刮尺刮平赶匀，随刮随用长毛刷子将抹印顺平，再用木抹子搓平，顶棚管道周围用小工具顺平。抹灰的顺序一般是由前往后退，并注意其方向必须同基体的缝隙（混凝土板缝）成垂直方向，这样容易使砂浆挤入缝隙牢固结合。抹灰时，厚薄应掌握适度，随后用软刮尺赶平。如平整度欠佳，应再补抹和赶平，但不宜多次修补，否则容易搅动底灰而引起掉灰。如底层砂浆吸水快，应及时洒水，以保证与底层黏结牢固。在顶棚与墙面的交接处，一般是在墙面抹灰完成后再补做；也可在抹顶棚时，先将距顶棚20～30厘米的墙面同时完成抹灰，方法是用钢抹子在墙面与顶棚交角处添上砂浆，然后用木阴角器抽平压直即可。

（4）面层抹灰，待中层抹灰到六七成干，即用手按不软但有指印时，再开始面层抹灰。如使用纸筋石灰或麻刀石灰时，一般分两遍成活。其涂抹方法及抹灰厚度与内墙面抹灰相同，第一遍抹得越薄越好，随之抹第二遍。抹第二遍时，抹子要稍平，抹完后等灰浆稍干，再用塑料抹子或压子顺着抹纹压实压光。

**三、装饰性抹灰施工**

装饰性抹灰和一般抹灰施工技术只是在面层做法上有所不同。它包括斩假石、拉假石、水刷石、假面砖、干粘石、拉条抹灰等各种做法。

（一）斩假石

1. 斩假石（剁斧石）工艺流程

基层处理→抹底层及中层砂浆→弹线、贴分格条→抹面层水泥石粒浆→面层斩剁。

2. 施工要点

（1）基层处理、找规矩等均同一般外墙抹灰做法。

（2）抹底层灰前用素水泥浆刷一道后，用1∶2或1∶2.5水泥砂浆抹底层，表面划毛。砖墙基层需抹中间层，采用1∶2水泥砂浆，表面划毛，24小时后浇水养护。

（3）弹线、贴分格条，按设计要求弹出分格线、粘贴经水浸透的木分格条。

（4）抹面层，在基层处理之后，即涂抹底、中层砂浆。砖墙基体底、中层砂浆用1∶2水泥砂浆。底层和中层表面均应划毛。涂抹面层砂浆前，要认真浇水湿润中层抹灰，并满刮水灰比为0.37～0.40的素水泥浆一道，按设计要求弹线分格，粘分格条。

面层砂浆一般用2毫米的白色米粒石内掺30%粒径为0.15～1毫米的石屑。材料应统一备料干拌均匀后备用。

（5）罩面操作一般分两次进行，先薄薄抹一层砂浆，稍收水后再抹一遍砂浆与分格条平。用刮尺赶平，待收水后再用木抹子打磨压实，上下顺势溜直，最后用软质扫帚顺着剁纹方向清扫一遍，面层完成后不能受烈日暴晒或遭冰冻，且需进行养护。养护时间根据气候情况而定，常温下（15～30℃）一般为2～3天，其强度应控制在5兆帕，即以水泥强度还不大、容易剁得动而石粒又剁不掉的程度为宜。在气温较低时（5～15℃），宜养护4～5天。

（6）面层斩剁，应先进行试斩，以石粒不脱落为准。斩剁前，应先弹顺线，相距约10厘米，按线操作，以免剁纹跑斜。

斩剁时必须保持墙面湿润。如墙面过于干燥，应予蘸水，但已斩剁完的部分不得蘸水，以免影响外观。

斩假石的质感效果分立纹剁斧和花锤剁斧，可以根据设计选用。为便于操作及增强其装饰性，棱角与分格缝周边宜留15～20毫米镜边。镜边也可以同天然石材处理方式一样，改为横方向剁纹。

斩假石操作应自上而下进行，先斩转角和四周边缘，后斩中间墙面。转角和四周边缘的剁纹应与其边棱呈垂直方向，中间墙面斩成垂直纹。斩斧要保持锋利，斩剁时动作要快并轻重均匀，剁纹深浅要一致。每斩一行随时将分格条取出，同时检查分格缝内灰浆是否饱满、严密，如有缝隙和小孔，应及时用素水泥浆修补平整。一般台口、方圆柱和简单的门头线脚，操作时大多是先用斩斧将块体四周斩成15～30毫米的平行纹圈，再将中间部分斩成棱点或垂直纹。

（二）施工注意事项

面层抹完后，应进行养护，不能受烈日暴晒或受冻。各层抹灰不得有脱壳、裂缝、高低不平等弊病，斩剁前应弹顺线，相距约10厘米，按线操作，以免剁纹跑料。在水泥石子浆达到一定强度时，可进行试剁，以石子不脱落为准。同时，斩剁时必须保持面层湿润，如墙过于干燥应蘸水，但剁完部分不得蘸水，以免影响外观。在剁小面积时，应用单刀剁斧。斧刃厚度应根据剁纹宽窄要求确定。为了美观，剁棱角及分格缝周边留15～20毫米不剁。

（三）拉假石

拉假石的做法除面层外，其余均同斩假石。

1. 拉假石面层操作方法

（1）面层水泥石屑配比，常用的水泥和石英砂（或白云石屑）配比为1∶1.25。

（2）面层操作，先在中层上刷素水泥浆一道，紧跟着抹水泥石屑浆，其厚度为8毫米左右。待水泥石屑浆面收水后，用靠尺检查其平整度，然后用抹子搓平，再用铁抹子压实、压光。水泥终凝后，用齿耙依着靠尺按同一方向刮去表面水泥浆，露出石渣形成纹理。成活后表面呈条纹状，纹理清晰，24小时后浇水养护。

2. 施工注意事项

拉假石表面露出石渣的比例很小，水泥的颜色对整个饰面色彩影响很大，所以应注意整个墙面颜色的均匀性，并要选择不易褪色的颜料品种。现场一般均采用废锯条制作齿耙。

（四）水刷石

1. 水刷石工艺流程

抹水泥石粒浆→修整→喷刷→起分格条。

2. 施工要点

（1）抹水泥石粒浆，待中层砂浆六七成干时，按设计要求弹线分格并粘贴分格条（木分格条事先在水中浸透），然后，根据中层抹灰的干燥程度浇水湿润。紧接着用铁抹子满刮水灰比为0.37~0.40的水泥浆一道，随即抹面层水泥石粒浆。面层厚度视石粒粒径而定，通常为石粒粒径的2.5倍。水泥石粒浆（或水泥石灰膏石粒浆）的稠度应为5~7厘米。要用铁抹子一次抹平，随抹随用铁抹子压紧、揉平，但不把石粒压得过于紧固。

每一块分格内应从下边抹起，每抹完一格，即用直尺检查其平整度，凸凹处应及时修理，并将露出平面的石粒轻轻拍平。同一平面的面层要求一次完成，不宜留施工缝。如必须留施工缝时，应留在分格条的位置上。

抹阳角时，先抹的一侧不宜使用八字靠尺，应将石粒浆抹过转角，然后再抹另一侧。抹另一侧时，用八字靠尺将角靠直找齐。这样可以避免因两侧都用八字靠尺而在阳角处出现的明显接槎。

（2）修整，罩面后水分稍干，墙面无水光时，先用铁抹子溜一遍，将小孔洞压实、挤严。分格条边的石粒要略高 1~2 毫米。然后用软毛刷蘸水刷去表面灰浆，阳角部位要往外刷。并用抹子轻轻拍平石粒，再刷一遍，然后再压。水刷石罩面应分遍拍平压实，石粒应分布均匀而紧密。

(3) 喷刷，冲洗是确保水刷石质量的重要环节之一，如冲洗不净会使水刷石表面色泽灰暗或明暗不一致而影响美观。

罩面灰浆凝结后（表面略发黑，手指揿上去不显指痕），用刷子刷石粒不掉时，即可开始喷刷。喷刷分两遍进行，第一遍先用软毛刷子蘸水刷掉面层水泥浆，露出石粒；第二遍随即用手压喷浆机（采用大八厘或中八厘石粒浆时）或喷雾器（采用小八厘石粒浆时）将四周相邻部位喷湿，然后由上往下顺序喷水。喷射要均匀，喷头离墙 10~20 厘米，将面层表面及石粒间的水泥浆冲出，使石粒露出表面 1/2 粒径，达到清晰可见、均匀密布。然后用清水（用 19.35 厘米自来水管或小水壶）从上往下全部冲净。

喷水要快慢适度。喷水速度过快会冲不净浑水浆，表面易呈现花斑；过慢则会出现塌坠现象。喷水时，要及时用软毛刷将水吸去，以防止石粒脱落。分格缝处也要及时吸去滴挂的浮水，以使分格缝保持干净清晰。如果水刷石面层过了喷刷时间而开始硬结，可用 3%~5% 盐酸稀释溶液洗刷，然后需用清水冲净，否则会将面层腐蚀成黄色斑点。

冲刷时应做好排水工作，不要让水直接顺墙面往下流淌。一般是将罩面分成几段，每段都抹上阻水的水泥浆挡水，在水泥浆上粘贴油毡或牛皮纸将水外排，使水不直接往下淌。冲洗大面积墙面时，应采取先罩面先冲洗，后罩面后冲洗，罩面时由上往下，这样既保证上部罩面洗刷方便，也可避免下部罩面受到损坏。

(4) 起分格条，喷刷后，即可用抹子柄敲击分格条，并用小鸭嘴抹子扎入分格条上下活动，将其轻轻起出。然后用小溜子找平，用鸡腿刷子刷光理直缝角，并用素灰将缝格修补平直，颜色一致。

外墙窗台、窗楣、雨篷、阳台、压顶、檐口及突出腰线等部位，也与一般抹灰一样，应在上面做流水坡度，下面做滴水槽或滴水线。滴水槽的宽度和深度均不应小于 10 毫米。

### （五）假面砖

1. 假面砖工艺流程

基层处理→抹底、中层砂浆→弹水平线→抹面层砂浆→表面划纹。

2. 施工要点

（1）墙面基层处理，抹底、中层砂浆等工序同一般抹灰相同。

（2）弹水平线，面层砂浆涂抹前，浇水湿润中层，先弹水平线，按每步架为一个水平工作段，上、中、下弹三道水平线，以便控制面层划沟平直度。

（3）抹面层砂浆，抹 1∶1 水泥砂浆垫层 3 毫米，接着抹面层砂浆 3～4 毫米厚。

（4）表面划纹，面层稍收水后，用铁梳子沿靠尺板由上向下划纹，深度不超过 1 毫米。然后根据面砖的宽度用铁钩子沿靠尺板横向划沟，深度以露出垫层灰为准，划好横沟后将飞边砂粒扫净。

### （六）施工注意事项

1. 做出的假面砖能以假代真，关键是假面砖的分格和质感，墙面、柱面分格应与面砖规格相符，并符合环境、层高、墙面的宽窄及使用要求。

2. 假面砖。分格要横平竖直，使人感到是面砖而不是抹灰。

3. 面层彩色砂浆稠度必须根据试验，色调也应该通过样板确定。

### （七）干粘石

#### 1. 干粘石工艺流程

抹黏结层→甩石子→起分格条与修整。

#### 2. 施工要点

（1）抹黏结层，黏结层很重要，抹前用水湿润中层，黏结层的厚度取决于石子的大小，当石子为小八厘时，黏结层厚4毫米；为中八厘时，黏结层厚度为6毫米；为大八厘时，黏结层厚度为8毫米。湿润后，还应检查干湿情况，对于干得快的部位，用排刷补水到适度时，方能开始抹黏结层。

抹黏结层分两道做成：第一道用同强度等级水泥素浆薄刮一层，因薄刮能保证底、面粘牢。

第二道抹聚合物水泥砂浆5~6毫米。然后用靠尺测试，严格执行高刮低添，反之，则不易保护表面平整。黏结层不宜上下同一厚度，更不宜高于嵌条，一般，在下部约1/3的高度范围内要比上面薄些，整个分块表面又要比嵌条面薄1毫米左右，撒上石子压实后，不但平整度可靠，条整齐，而且能避免下部鼓包皱皮的现象发生。

（2）甩石子，抹好黏结层之后，待干湿情况适宜时即可用手甩石粒。一手拿40厘米×35厘米×6厘米底部钉有16目筛网的木框，内盛洗净晾干的石粒（干粘石一般多采用小八厘石渣，过4毫米筛子，去掉粉末杂质），一手拿木拍，用拍子铲起石粒，并使石粒均匀分布在拍子上，然后反手往墙上甩。甩射面要大，用力要平稳、有劲，使石粒均匀地嵌入黏结层砂浆中。如发现有不匀或过稀现象时，应用抹子和手直接补贴，否则会使墙面出现死坑或裂缝。

在黏结砂浆表面均匀地粘上一层石粒后，用抹子或油印橡胶滚轻轻压一下，使石粒嵌入砂浆的深度不小于1/2粒径，拍压后石粒表面应平整、坚实。拍压时用力不宜过大，否则容易翻浆糊面，出现抹子或滚子轴的印迹。阳角处应在角的两侧同时操作，否则当一侧石粒粘上去后，在角边口的砂浆收水，另一侧的石粒就不易粘上去，出现明显的接槎黑边。如采取反贴八字尺也会因45°处砂浆过薄而产生石粒脱落的现象。

甩石粒时，未粘上墙的石粒到处飞溅，易造成浪费。操作时，可用1 000毫米×500毫米×100毫米木板框下钉16目筛网的接料盘，放在操作面下承接散落的石粒。也可用一钢筋弯成4 000毫米×500毫米长方形框，装上粗布作为盛料盘，直接将石粒装入，紧靠墙边，边甩边接。

（3）起分格条与修整，干粘石墙面达到表面平整，石粒饱满时，即可将分格条取出。取分格条时应注意不要掉石粒。如局部石粒不饱满，可立即刷胶结剂溶液，再甩石粒补齐。将分格条取出后，随手用小溜子和素水泥浆将分格缝修补好，达到顺直清晰。

由于干粘石表面容易挂灰积尘，如施工不慎，极易产生掉粒，因此，目前的干粘石施工，多采用革新工艺。根据选用的石粒粒径大小决定黏结层厚度，把石渣甩到墙面上并保持石粒分布密实均匀，用抹子把石粒拍入黏结层，然后采取水刷石的冲洗方法，结果外观似水刷石，实际是将干粘石做法进行了革新。

3. 施工注意事项

（1）干粘石施工时，黏结层砂浆过厚，易引起泛浆、干裂、脱壳和脱落。过厚的黏结层，拍或压石子时，用力不易均匀，难于保证表面平整度。同时，增加石粒用量，多费砂浆。

（2）石粒粒径过小，则容易进入砂浆内形成泛浆，影响美观。当下部拍进或压进小粒径的石粒后，其面上如不再有石粒，则与缺粒一样难看。如在其上面再拍或压一层小石粒，就会因拍或压进太少，黏结不牢。

石粒粒径过大，则不易拍或压入黏结层内，特别是拍或压入的深度达不到1/2粒径时，会影响牢固。此种现象在局部黏结层过薄处更显著，容易形成一片石粒稀或无石粒的现象。

综上所述，干粘石的石粒粘得过浅、泛浆，都会影响美观，故在施工操作时，干粘石的粒径、黏结层砂浆的厚度应掌握好。对石渣粒，要过筛洗净、晾干、去掉粉末，选用颜色规格一致的石粒，粘贴一个施工段。这样，石粒的牢度一致，色泽均匀，墙面平整美观。

(3) 房屋的底层墙面，人、物经常接触，干粘石的部分石粒可能被碰掉。石渣粒掉后，干粘石面层就会发花和变模糊，影响整体装饰效果。

干粘石石粒拍或压入黏结层的深度比水刷石浅，石渣粒外露棱角多，底层用干粘石易损伤人体或衣物；干粘石面层粗糙，易受污染，且底层易受雨水滴溅，尘土飞扬，所以房屋的底层墙面不宜使用干粘石。

(八) 拉条抹灰

1. 材料及砂浆配合比

拉条装饰抹灰的基层处理及底、中层抹灰与一般抹灰相同，黏结层和面层则根据所需要的条形采用不同的砂浆。如拉细条时，黏结层和罩面可采用同一种1：2：0.5（水泥：细砂：细纸筋石灰）混合砂浆；如做粗条形，黏结层用1：2.5：0.5（水泥：中粗砂：细纸筋石灰）混合砂浆；罩面用1：0.5（水泥：细纸筋石灰）砂浆。

2. 施工要点

在底层砂浆上先划分竖格，竖格宽度可按条形模具宽度确定，弹上墨线。按线粘贴靠尺板，以作拉条操作的导轨。导轨靠尺板可于一侧粘贴，也可在模具两侧粘贴。靠尺板应垂直，表面要平整。在底层砂浆达到七成干时，浇水湿润底灰后抹黏结层砂浆，用模具由上至下沿导轨拉出线条，然后薄薄抹一层罩面灰，再拉线条。

拉条抹灰操作时，每一竖线必须一次成活，以保证线条垂直、平整、密实光滑、深浅一致、不显接槎。为避免拉条操作时产生断裂等质量通病，黏结层和面层砂浆的稠度要适宜，以便于操作。

3. 抹灰砂浆

一般用配合比为1∶3水泥砂浆抹底、中层灰。细条形抹灰一般采用细纸筋灰混合砂浆，其配合比为水泥∶砂子∶细纸筋灰=1∶（2~2.5）∶0.5。粗条形抹灰用1∶0.5水泥细纸筋灰浆罩面。

4. 拉条抹灰

要达到条形灰线平直通顺、光滑，无疤痕、裂缝、起壳等毛病。

## 模块二　块面材料装饰施工

块面材料装饰墙柱面，称为贴面装饰。贴面装饰是把各种饰面板、砖（即贴面材料）镶贴到基层上的一种面层装饰。贴面材料的种类很多，常用的有天然石饰面板、人造石饰面板和饰面砖等。内墙贴面类的饰面材料一般质感细腻，表面光滑洁净、光彩夺目，如大理石、瓷砖、马赛克、各种陶瓷锦砖等，在居室装潢中，主要应用于客厅、餐厅、厨房、卫浴间等墙面。

### 一、施工准备

（一）材料准备

1. 釉面砖

釉面砖又称为瓷砖，品种和规格很多，应根据设计要求进行选择瓷砖，除了要求瓷砖的物理学性能应符合标准外，外观要挑选规格一致、形状平整方正、颜色均匀、边缘整齐、棱角完好、不开裂、不脱釉露底、主件块和各种配件砖（也称异形体砖，包括腰线砖、压顶条、阴阳角等）无凹凸扭曲。并注意检查瓷砖平面尺寸是否一致，尽可能减少误差，以保证同一墙面的装饰贴面接缝均匀。

2. 水泥

强度等级为32.5或42.5，存放过久的水泥不能使用。

3. 砂子

以中砂或细砂为佳，平均粒径不大于0.35毫米，使用前需过筛。

4. 配件砖

大面积釉面砖粘贴后，必须用有关的配件砖收口，或用腰线与压顶条装饰。

（二）施工机具准备

常用机具有手提切割机、橡皮锤（木槌）、手锤、水平尺、靠尺、开刀、托线板、硬木拍板、刮杠、方尺、默斗、铁铲、拌灰桶、尼龙线、薄钢片、手动切割器、细砂轮片、棉丝、擦布、胡桃钳等。

## 二、釉面砖施工

釉面砖面层表面光洁，便于清洗，而且防潮、耐碱，对墙体起保护作用，主要用在厨房、浴室、盥洗室、厕所等经常接触水的墙面。釉面砖的粘贴又称饰面工程，一般由饰面层、黏结层及基层组成。饰面层材料即为各类釉面瓷砖；黏结层的材料由水泥或水泥砂浆与801胶及其他胶黏剂组成；基层是建筑装饰过的墙体。

（一）施工工艺流程

基层处理→抹底子灰→弹线、排砖→浸砖湿润墙→贴标准点→镶贴→擦缝、整理。

（二）施工要点

1. 基层处理

混凝土墙面的清洗步骤为：先用碱或洗涤剂→再用清水刷洗→甩上1∶1水泥砂浆→将30%801胶水+70%水拌成水泥浆→甩成小拉毛→两天后用1∶3水泥砂浆罩底层。

砖墙面清洗步骤为：清扫净土→剔除砖墙面上多余灰浆→用清水打湿墙面→用 1：3 水泥砂浆罩底层。

厨房和浴厕墙面的清洗步骤为：清洗油渍污垢→用手凿疏密一致地凿毛墙面，若墙面是纸筋石膏灰层，最好将它全部凿掉。为确保釉面砖粘贴后不整幅离墙，最上一层砖的基层需凿得稍深。釉面砖在粘贴前几小时充分浸水湿润，保证粘贴后不至于因吸走灰浆中水分而粘贴不牢，另外墙面也应充分湿水。

2. 抹底子灰

基体基层处理好后，用 1：（2.5～3）水泥砂浆或 1：1：4 的混合砂浆打底。打底时要分层进行，每层厚度宜 5～7 毫米，并用木抹子搓出粗糙面或划出纹路，用刮杠和托线板检查其平整度和垂直度，隔日浇水养护。

3. 弹线、排砖

应先检查墙面的平整度及室内尺寸，测准釉面砖粘贴层厚度，一般为 4～6 毫米，对墙面先弹出竖线，后弹出水平线，这是保证饰面层表面平整、横平竖直的重要措施。

在同一墙面上的横竖排列，不宜有一行以上的非整砖，且非整砖要排在次要位置或阴角处。当遇有墙面盥洗镜等装饰物时，应以装饰物中心线为准向两边对称排砖，排砖过程中在边角、洞口和突出物周围常常出现非整砖或半砖，也应注意对称和美观。

4. 浸砖湿润墙

浸砖与湿润墙面是保证饰面质量的关键环节。粘贴前，应将釉面砖放入清水，浸泡两小时以上，然后取出晾干，待砖背无积水时即可粘贴，否则就会使釉面砖产生起壳脱落现象。砖墙要提前一天湿润，混凝土墙提前 3～4 小时湿润，这样便不会再吸走黏结砂浆中的水分，影响安装质量。

5. 贴标准点

正式镶贴前，用混合砂浆将废瓷砖按粘贴厚度粘贴在基层上作标志块，用托线板上下挂直，横向拉通，用以控制整个镶贴瓷砖表面的平整度。在地面水平线嵌上一根八字尺或直靠尺，这样可防止瓷砖因自重或灰浆未硬结而向下滑移，以确保其横平竖直。

6. 镶贴

铺贴瓷砖宜从阳角开始，先大面，后阴阳角和凹槽部位，并自下向上粘贴。

黏结砂浆可按体积比采用1：2水泥砂浆或在水泥砂浆中掺入水泥块质量15%的石灰膏。也可用聚合物水泥砂浆粘贴，但粘贴层需减薄到2～3毫米，其配合比例应由试验确定。室内粘贴釉面砖，其接缝宽度一般在1～1.5毫米，横竖缝宽一致，或按设计要求确定缝宽。釉面砖背面粘贴层应满抹灰浆，厚度为5毫米，四周刮成斜面，釉面砖就位与固定后，用橡皮锤轻击砖面，使之压实与邻面齐平，粘贴5～10块后，用靠尺板检查表面平整度及缝隙的宽窄，若缝隙出现不均，应用灰匙子拔缝。阴阳角拼缝，除了用塑料和陶瓷的阴阳角条解决拼缝外，也可用切割机将釉面砖边沿切成45°斜角，保证阳角处接缝平直、密实。釉面砖粘贴完后，用刷子扫除表面灰，将横竖缝划出来，再用白水泥浆对墙面釉面砖勾缝，待嵌缝材料硬化后，将釉面砖表面擦干净。

7. 擦缝、整理

镶贴完毕，自检无空鼓、不平、不直后，用棉丝擦净。然后把白水泥加水调成糊状，用长毛刷蘸白水泥浆在墙砖缝上刷，待水泥浆变稠，用布将缝里的素浆擦匀，砖面擦净。不得漏擦或形成虚缝。对于离缝的饰面，宜用与釉面砖颜色相同的水泥浆嵌缝或按设计要求处理。若砖面污染严重，可用稀盐酸刷洗后，再用清水刷洗干净。

**三、施工质量要求**

1. 釉面砖粘贴前一定要浸泡透，将有隐伤的挑出。操作时严禁用力敲击砖面，防止产生隐伤，并随时将砖面上的砂浆擦洗干净。在施工过程中，浸泡釉面砖应用洁净水，粘贴釉面砖的砂浆应使用干净的原材料进行拌制，粘贴应密实，砖缝应嵌塞严密，砖面应擦洗干净。

2. 釉面砖使用前必须清洗干净，用水浸泡到釉面砖不冒气泡为止，浸泡两小时取出，待表面晾干后方可粘贴。

3. 釉面砖粘贴砂浆厚度一般应控制在 7 ~ 10 毫米，过厚或过薄均易产生空鼓，必要时采用 801 胶水泥砂浆粘贴，以保证镶贴质量。

4. 粘贴前弹好施工规矩线与水平线，校正墙面的方正，算好纵横皮数后划出皮数杆，定出水平标准，贴好灰饼，找出标准，灰饼间距以靠尺板够得着为准，阳角处要两面抹直。

5. 一般釉面砖，特别是用于高级装饰工程上的釉面砖，选用材质密实、吸水率不大于 18% 的为好，以减少裂缝的产生。

6. 粘贴前，釉面砖一定要浸泡透，尽量使用和易性、保水性较好的砂浆粘贴。操作时不要用力敲击砖面，防止产生隐伤。

## 模块三　墙柱面裱糊施工

### 一、裱糊壁纸

#### （一）胶黏剂的选择要求

1. 选择条件

大面积裱糊纸基塑料壁纸用的胶黏剂，应具备一定的条件。

（1）胶黏剂是水溶型的，如果是溶剂型的，易燃、有刺激味，甚至有毒性，不利于施工，而水溶型的胶黏剂则没有这些缺点。

（2）为便于大面积施工，所采用的胶黏剂不宜要求有过于严格和复杂的配制工艺和操作工艺。

（3）所选用的胶黏剂，必须是货源充足，价格较低的，否则，对于大面积使用会有一定的限制。

2. 使用要求

大面积裱糊纸基塑料壁纸使用的胶黏剂，应满足一定的要求。

（1）对墙面和壁纸背面都有良好的黏结力。

（2）应具有一定的耐水性，施工时，墙面基层不一定完全干燥，胶黏剂应能在基层有一定含水量的情况下，顺利地使用。施工完毕后，基层所含水分通过壁纸或拼缝处逐渐向外蒸发。另外，在墙面使用的过程中为了维护清洁，需要对壁纸进行湿擦，因而在拼缝处可能会渗入水分，胶黏剂在这种情况下应保持相当的黏结力，而不致产生壁纸剥落等现象。

（3）具有一定的耐胀缩性，塑料壁纸虽然主要在室内使用。但其使用寿命仍是一个重要问题。胶黏剂应能适应由于阳光、温度及湿度变化等因素引起材料的胀缩，不致产生开胶脱落等问题。

（4）具有一定防霉作用，因为真菌的产生不仅会在壁纸和基层之间产生一个隔离层，影响黏结力，而且，还会产生使壁纸表面变色等不良后果。

（二）壁纸的选择要求

选择壁纸要根据环境、场合、地区、民族风俗习惯和个人性格等方面的因素全面考虑，往往同一种壁纸使用在两个不同的场合，会产生两种完全不同的效果。有些选用的原则，并不是绝对的，最重要的是具体情况具体分析。

1. 按使用部位选择

根据使用部位的耐磨损要求，选择适合耐磨方面要求的壁纸。比如公共建筑的走廊墙面，由于人流比较大且容易集中，应选用耐磨性能好的布基壁纸，或纺织壁纸。

2. 按特殊要求选择

有特殊要求的部位应选择有特殊功能的壁纸。同样是防火要求，民用建筑与公共建筑在选用防火壁纸方面，往往会有所差别。有防水要求的部位裱糊壁纸，应选用具有防火性能的壁纸。

3. 按图案效果选择

对图案的选择，应注意大面积裱糊后的视觉效果。有时选看样本时很好，但贴满大面积墙面后，却不尽如人意。可是，也有与此相反的情况，看小样时不甚满意，可一经大面积装修后却获得理想的装饰效果。所以，在选择壁纸时，要研究微观与宏观的关系，需有视小如大，又需视大如小，即局部与整体的关系。一般来说，大面积大厅、会客室、会议室、陈列室、餐厅等场所，选用大型图案结构壁纸，用“以大见大”的手法，充分体现室内宽敞的视觉效果。

小面积的房间，选用小型图案结构壁纸，用“以小见小”的装饰手法，使图杂色彩因远近而产生明暗不同的变化，从而构成室内空间通视、开阔视野的效果。若有风景、原野、森林、草坪之类的彩色壁纸选贴，更能加深空间效果。

4. 按色彩效果选择

装饰色彩是有个性的，不同的颜色会对人产生不同的心理效果，这种心理影响与潜在性，来自人们对色彩感情的联想作用。

装饰、装潢学是美学，也是心理生理学，壁纸装饰后的美与不美，视觉心理感受如何，全在合理地选择与室内整体设计的配合，应从家具、顶棚、门窗、地板、地毯等方面取得协调统一。忽视整体配合，造成室内色彩刺目、摆设杂乱，导致所谓的“视觉污染”，从而影响情绪，有损健康。

（三）腻子的选择要求

腻子用作修补和填平基层表面的麻点、凹坑接缝、钉孔等缺陷，它应具有一定的强度，不得出现起皮和裂缝。常用腻子配合比，见表3－1。

表3-1 常用腻子配合比

| 名称 | 石膏 | 滑石粉 | 熟桐油 | 羧甲基纤维素溶液（浓度2%） | 聚醋酸乙烯乳液 |
|---|---|---|---|---|---|
| 乳胶腻子 | | 5 | | 3.5 | 1 |
| 乳胶石膏腻子 | 10 | | | 6 | 0.5~0.6 |
| 油漆石膏腻子 | 20 | | 7 | | 50 |

（四）基层涂料的选择要求

基层涂料起底油层作用，有利于下道工序涂刷胶黏剂及减少基层吸水率。裱糊基层涂料能提高壁纸工程的质量，增强黏结强度。常用基层涂料配合比，见表3-2、另外，稀乳胶漆也可用作基层涂料。

表3-2 常用基层涂料配合比

| 涂料名称 | 801胶 | 甲基纤维素 | 酚醛清漆 | 松节油 | 水 | 备注 |
|---|---|---|---|---|---|---|
| 801胶涂料（一） | 1 | 0.2 | | 1 | 用于抹灰墙面 | |
| 801胶涂料（二） | 1 | 0.5 | | 1.5 | 用于油画墙面 | |
| 清油涂料 | | | 1 | 3 | | 用于石膏板及木基层墙面 |

## 二、裱糊工程施工

（一）施工工艺流程

基层处理→批刮腻子→刷底涂料→弹线→裁剪壁纸→润纸→刷胶料→裱糊（粘贴）壁纸→拼缝对花→赶压胶黏剂→裁边、擦净胶液→清理修整。

（二）主要操作工序

裱糊工程必须严格按操作工序施工，以保证裱糊质量。壁纸、墙布裱糊施工主要工序，见表3-3。

**表 3－3　裱糊施工的主要工序**

| 项次 | 工序名称 | 抹灰面混凝土 | | | | 石膏板面 | | | | 木料面 | | | |
|---|---|---|---|---|---|---|---|---|---|---|---|---|---|
| | | 复合壁纸 | PVC壁纸 | 墙布 | 带背胶壁纸 | 复合壁纸 | PVC壁纸 | 墙布 | 带背胶壁纸 | 复合壁纸 | PVC壁纸 | 墙布 | 带背胶壁纸 |
| 1 | 清扫基层、填补缝隙，磨砂纸 | + | + | + | + | | + | + | + | + | + | + | + |
| 2 | 接缝处粘纱布条 | | | | | + | + | + | + | + | + | + | + |
| 3 | 找补腻子、磨砂纸 | | | | + | + | + | + | + | + | + | + | |
| 4 | 满刮腻子、磨平 | + | + | + | + | | | | | | | | |
| 5 | 涂刷涂料一遍 | | | | | | | | | + | + | + | + |
| 6 | 涂刷底胶一遍 | + | + | + | + | + | + | + | + | | | | |
| 7 | 墙面划准线 | + | + | + | + | + | + | + | + | + | + | + | + |
| 8 | 壁纸浸水润湿 | | + | | + | | + | | + | | + | | + |
| 9 | 壁纸涂刷胶黏剂 | + | | | | + | | | | + | | | |
| 10 | 基层涂刷胶黏剂 | + | + | | | + | + | + | | + | + | + | |
| 11 | 壁纸裱糊 | + | + | + | + | + | + | + | + | + | + | + | + |
| 12 | 拼缝、拼接、对花 | + | + | + | + | + | + | + | + | + | + | + | + |
| 13 | 赶压胶黏剂气泡 | | + | + | + | + | + | + | + | + | + | + | + |
| 14 | 裁边 | | + | | | | + | | | | + | | |
| 15 | 抹净挤出的胶液 | + | + | + | + | + | + | + | + | + | + | + | + |
| 16 | 清理修整 | + | + | + | + | + | + | + | + | + | + | + | + |

注：1. 表中“+”号表示应进行的工序。

2. 不同材料的基层相接处应先贴 60～100 毫米宽壁纸条或纱布。

3. 混凝土表面和抹灰表面必要时可增加满刮腻子遍数。

4. “裁边”工序，只在使用宽为 920 毫米、1 000毫米、1 100毫米等需重叠对花的 PVC 压延型壁纸时应用。

（三）施工要点

主要施工流程分为：基层处理→吊直、套方、找规矩、弹线→计算用料、裁纸→润纸→刷涂胶黏剂→裱糊壁纸→清理修整等。

1. 基层处理

（1）混凝土及抹灰基层处理，如果在混凝土面、抹灰面（水泥砂浆、水泥混合砂浆、石灰砂浆等）基层上裱糊墙纸，应满刮腻子一遍并磨砂纸。如基层表面有气孔、麻点、凸凹不平时，应增加满刮腻子和磨砂纸的遍数。刮腻子之前，需将混凝土或抹灰面清扫干净。刮腻子时要用刮板有规律地操作，一板接一板，两板中间再顺一板，要衔接严密，不得有明显接槎和凸痕。宜做到凸处薄刮，凹处厚刮，大面积找平。腻子干后打磨砂纸、扫净。需要增加满刮腻子遍数的基层表面，应先将表面的裂缝及坑洼部分刮平，然后打磨砂纸扫净，再满刮腻子和打扫干净。特别是阴阳角、窗台下、暖气包、管道后及踢脚板连接处等局部，需认真检查修整。

（2）木质基层处理，木基层要求接缝不显接槎，接缝、钉眼应用腻子补平并满刮油性腻子一遍（第一遍），用砂纸磨平。木夹板的不平整主要是钉接造成的，在钉接处木夹板往往下凹，非钉接处向外凸。所以第一遍满刮腻子主要是找平大面。第二遍可用石膏腻子找平，腻子的厚度应减薄，可在该腻子五六成干时，用塑料刮板有规律地压光，最后用干净的抹布轻轻将表面灰粒擦净。

对要贴金属壁纸的木基面处理，第二遍腻子时应采用石膏粉调配猪血料的腻子，其配比为 10∶3（重量比）。金属壁纸对基面的平整度要求很高，稍有不平处或粉尘，都会在金属壁纸裱贴后明显地看出。所以金属壁纸的木基面处理，应与木家具打底方法基本相同，批抹腻子的遍数要求在三遍以上。批抹最后一遍腻子并打平后，用软布擦净。

(3) 石膏板基层处理，纸面石膏板比较平整，披抹腻子主要是在对缝处和螺钉孔位处。对缝披抹腻子后，还需用棉纸带贴缝，以防止对缝处的开裂。在纸面石膏板上，应用腻子满刮一遍，找平大面，在第二遍腻子进行修整。

(4) 旧墙基层处理，旧墙基层裱糊墙纸，对于凹凸不平的墙面要修补平整，然后清理旧有的浮松油污、砂浆粗粒等。对修补过的接缝、麻点等，应用腻子分1~2次刮平，再根据墙面平整光滑的程度决定是否再满刮腻子。对于泛碱部位，宜用9%稀醋酸中和、清洗。表面有油污的，可用碱水（1∶10）刷洗。对于脱灰、孔洞处，需用聚合物水泥砂浆修补。对于附着牢固、表面平整的旧溶剂型涂料墙面，应进行打毛处理。

2. 吊直、套方、找规矩、弹线

在底胶干燥后弹划出水平、垂直线，做好操作时的依据，以保证壁纸裱糊后横平竖直，图案端正。

(1) 按壁纸的标准宽度找规矩，每个墙面的第一条纸都要弹线找垂直，作为裱糊时的准线。非整条的裁切纸的安排在墙的阴角等视觉不起眼、次要部位处。

(2) 在第一条壁纸位置的墙顶处敲进一枚墙钉，将有粉锤线系上，铅锤下吊到踢脚上缘处，锤线静止不动后，一只后握紧锤头，按垂线的位置用铅笔在墙面划一条短线，再松开铅锤头查看锤线是否与铅笔短线重合。如果重合，就用一只手将锤线按在铅笔短线上，另一只手把锤线往外拉，放手后使其弹回，便可得到墙面的基准垂线。

每个墙面的第一条垂线，应该定在距墙角距离小于壁纸幅宽50~80毫米处。墙面上有门窗口的应增加门窗两边的垂直线，如图3-4所示。

对于无门窗口的墙面，可挑一个近窗台的角落，在距墙角距离比壁纸幅宽短50毫米处弹垂线。如果壁纸的花纹在裱糊时要考虑拼贴对花，使其对称，则宜在窗口弹出中心控制线，再往两边分线；如果窗口不在墙面中间，为保证窗间墙的阳角花饰对称，则宜在窗间墙弹中心线，由中心线向两侧再分格弹垂线。

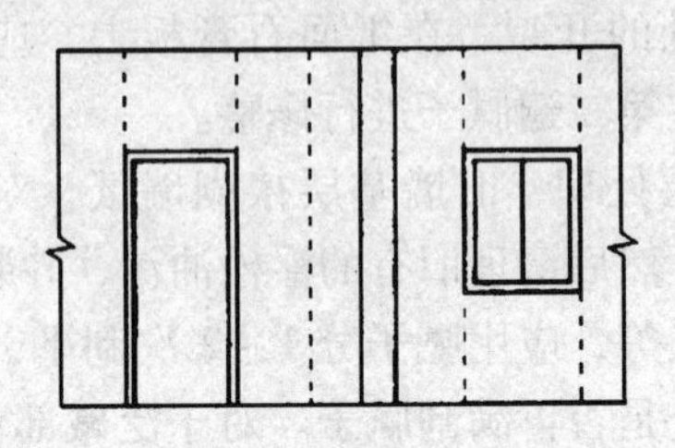

**图3-4　门窗洞口弹线**

3. 裁纸

根据墙面弹线找规矩的实际尺寸，统筹规划裁割墙纸，对准备上墙的墙纸，最好能够按顺序编号，以便于依顺序粘贴上墙。

裁割墙纸时，注意墙面上下要预留尺寸，一般是墙顶墙脚两端各多留50毫米以备修剪。当墙纸有花纹图案时，要预先考虑完工后的花纹图案效果及其光泽特征，不可随意裁割，应达到对接无误。同时，应根据墙纸花纹图案和纸边情况确定采用对口拼缝或搭口裁割拼缝的具体拼接方法。裁纸下刀前，还需认真复核尺寸有无出入，尺子压紧墙纸后不得再移动，刀刃贴紧尺边，一气裁成，中间不宜停顿或变换持刀角度，手劲要均匀。

4. 润纸

不同的壁纸对润纸的反应也不一样，反应较明显的是纸基的塑料壁纸。

(1) 先将塑料壁纸在水槽中浸泡2~3分钟，进行润水处理，取出后抖掉余水，静置20分钟，或用排笔刷水后浸10分钟，这样壁纸粘贴后，随着水分的蒸发而收缩、绷紧。

(2) 由于复合纸质壁纸的湿强度较差，裱糊前严禁进行闷水处理。为达到软化壁纸的目的，可在壁纸背面均匀刷胶黏剂，然后胶面对胶面对叠，放置4~8分钟，即可上墙裱糊。壁纸裱糊前，应取一小条壁纸进行试贴，隔日观察接缝效果及纵向、横向收缩情况。

5. 刷胶黏剂

由于现在的壁纸一般质量较好，所以不必进行润水。对于待裱贴的壁纸，若不了解其遇水膨胀的情况，可取其一小条试贴，隔日观察接缝效果及纵、横向收缩情况，然后大面积粘贴。

施工前将两到三块壁纸进行刷胶，达到湿润、软化的作用，塑料纸基背面和墙面都应涂刷胶黏剂，刷胶应厚薄均匀，从刷胶到最后上墙的时间一般控制在5~7分钟。

刷胶时，基层表面刷胶的宽度要比壁纸宽约30毫米。刷胶要全面、均匀、不裹边、不起堆，以防溢出，弄脏壁纸。但也不能刷得过少，甚至刷不到位，以免壁纸粘贴不牢。壁纸背面刷胶后，应是胶面与胶面反复对叠，以避免胶干得太快，也便于上墙，并使裱糊的墙面整洁平整。如图3－5所示。

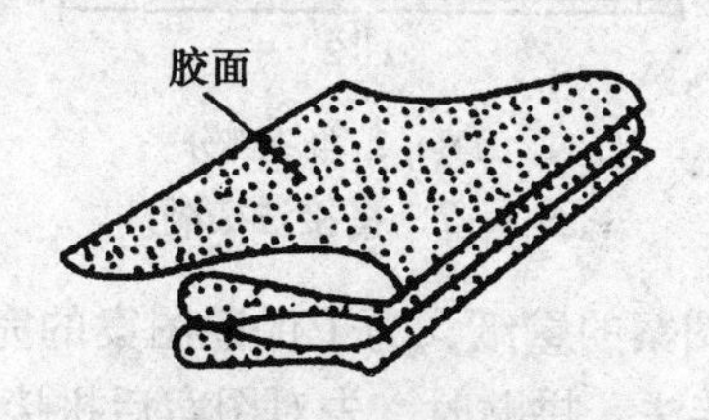


**图3－5　壁纸胶面反复对叠**

金属壁纸刷胶时，准备一卷未开封的发泡壁纸或长度大于壁纸宽的圆筒，一边在裁剪好的金属壁纸背面刷胶，一边将刷过胶的部分向上卷在发泡壁纸卷上，如图3－6所示。

6. 裱糊壁纸

裱糊的原则：应先要垂直，后对花纹拼缝，再用刮板用力抹压平整；先垂直面后水平面，先细部后大面；贴垂直面时，先上后下；贴水平面时，先高后低。

（1）从墙面所弹垂线开始至阴角处收口，一般顺序是挑一个近窗台角落向背光处依次裱糊，这样在接缝处不致出现阴影，影响操作。

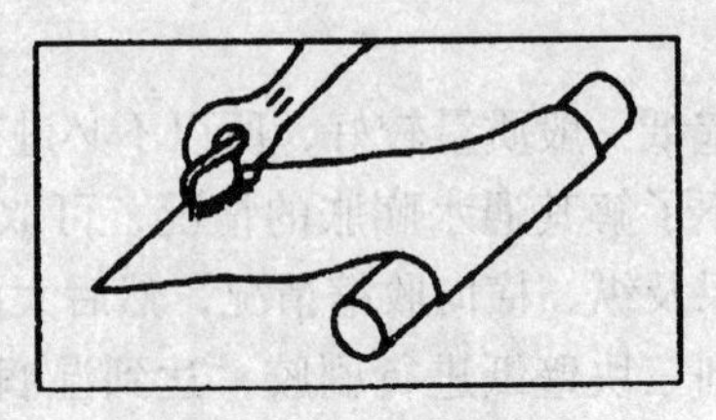

图3－6　金属壁纸刷胶

（2）裱贴无图案的壁纸时，可采用搭接法。较厚的壁纸需用胶棍进行滚压赶平。发泡壁纸及复合壁纸则严禁使用刮板赶压，只可用毛巾、海绵或毛刷赶压，以免赶平花形或出现死摺，如图3－7所示。

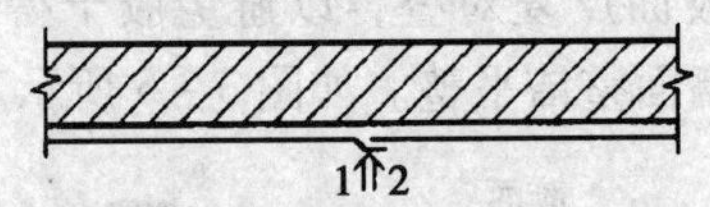


1. 刀具；2. 撕去部分

图3－7　搭接法裱糊

（3）对于有图案的壁纸，为了保证图案的完整性和连续性，裱贴时可采取拼接法。拼贴时，先对图案后拼接，从上至下图案吻合后，再用刮板斜向刮胶将拼缝处赶密实，然后从拼缝处刮出多余胶液，并用湿毛巾擦干净。对于需要重叠对花的壁纸，应先裱贴对花，待胶黏剂干到一定程度后，用钢尺对齐裁下余边，再刮压密实。用刀时下力要匀，一次直落，避免出现刀痕或搭接起丝现象。

（4）拼缝时，用刀要匀，既要一刀切割两层纸，不要留下毛槎、丝头，又不要用力过猛切破基层，使裱糊后出现刀痕。

对于有花纹的壁纸，应将两幅壁纸花纹重叠，对好花，用钢尺在重叠处拍实，从壁纸搭边中间用壁纸刀沿钢尺自上而下切割。除去切下的余纸后，用刮板刮平，如图 3－8 所示。

发泡壁纸、复合壁纸禁止使用刮板赶压，只可用毛巾或板刷赶压，以免赶平花型或出现死褶。裱糊拼接时，阴角处接缝应搭接，阳角处不得有接缝。包角压实绕过墙角后，应定出一条新的垂线依次裱糊，如图 3－9 所示。阴阳角的正确做法，如图 3－10 所示。

图 3－8　对好花纹切割后拼缝

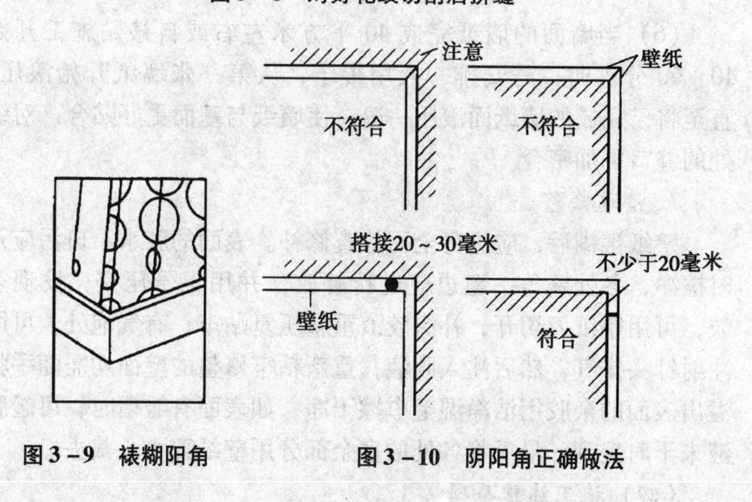


图 3－9　裱糊阳角　　图 3－10　阴阳角正确做法

在墙面明显处，应用整幅壁纸裱糊，不足一幅的壁纸应裱糊在较暗或不明显的部位。与挂镜线、踢脚板和贴脸等部位的连接应紧密，不得有缝隙。

（5）裱糊前应尽可能卸下墙上物件，在卸下墙上电灯等开关时，先要切断电源，用火柴棒或细木棒插入螺钉孔内，以便在裱糊时识别，以及在裱糊后切割留位。不易拆下来的配件，采取从中心切“×”字口，然后用手按出开关体的轮廓位置，慢慢拉起多余壁纸，沿边割去，贴牢，如图 3－11 所示。

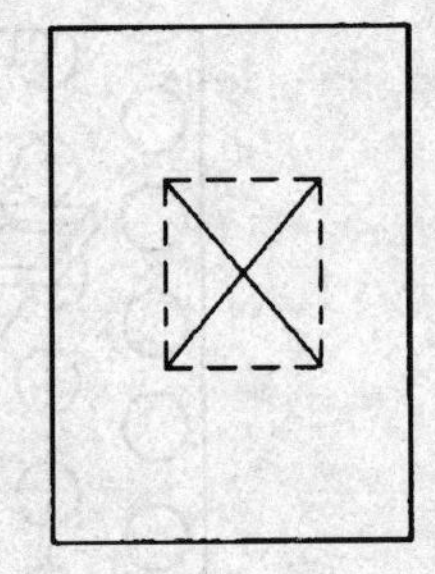

**图 3－11　开关插座等处的裱糊**

（6）当墙面的墙纸完成 40 平方米左右或自裱贴施工开始 40～60 分钟时，需安排一人用棍子，从第一张墙纸开始滚压，直至将已完成的墙纸面滚压一遍。使墙纸与基面更好贴合，对缝处的缝口更加密合。

7. 清理修整

壁纸裱糊后，应进行全面检查修补。表面的胶水、斑污应及时擦净，各处翘角、翘边应进行补胶，并用辊子压实；发现空鼓，可用壁纸刀切开，补涂胶液重新压复贴牢；有气泡处，可用注射针头排气，然后注入胶液，重新粘牢修整的壁面均需随手将溢出表面的余胶用洁净湿毛巾擦干净；如表面有皱褶时，可趁胶液未干时轻刮。最后将各处的多余部分用壁纸刀小心裁去。

（四）施工注意事项

1. 对所用材料特性、规格、颜色等必须充分了解，配兑材料一定要按比例。单个房间或单个墙面应该统一花色规格，不得随意更换材料。

2. 严格检查和修整基层，阴阳角必须垂直，表面平整，干湿度适当，抹灰面无松散、粉脱现象，木基层无外露钉头，无翘角、脱皮现象。

3. 调制腻子时可以加入适量的胶液，稠度合适，以使用方便为准；基层表面的灰尘、隔离剂、油污等必须清除干净；在光滑的基层表面或清除油污后，要涂刷一层胶黏剂（如乳胶等），再刮腻子；每遍刮腻子不宜过厚，不可在有冰霜、潮湿和高温的基层表面上刮腻子；翻皮的腻子应铲除干净，找出产生翻皮的原因，经采取措施后再重新刮腻子。

4. 要按照量好的尺寸裁纸，对好接缝，赶压底层胶液不宜推力过大，否则会造成离缝或亏纸。出现离缝和亏纸应进行补救，可用色彩相同的乳胶漆点描，在亏纸严重处，可用相同壁纸补贴或重贴。

5. 裱贴出现气泡应及时用刮板或橡胶滚筒赶出，推赶方向应水平，不宜斜向重推，以防压偏花饰和造成收缩不匀。底层胶液不宜过多，刷胶时要掌握好。在刮压壁纸时，注意防止胶液污染墙面。

**三、人造革、皮革及锦缎施工**

人造革、皮革、锦缎在居室装潢中常用于客厅、起居室内装饰，使环境更舒适高雅。人造革、皮革、锦缎墙面分预制板组装和现场组装两种，预制板多用硬质材料做衬底，现装墙面的衬底多为软质材料。它们裱糊受地域限制，在潮湿易受潮的地方不能使，它比裱糊普通塑料壁纸，墙布难度大。

（一）施工准备

为了便于预制板的安装，在砖墙或混凝土墙中埋入木砖，间距400～600毫米，然后抹灰，做防潮层，用1∶3水泥砂浆抹在砌体上，厚度约20毫米，刷底子油做防潮层，防止潮气使面板翘曲、织物发霉。

（二）施工要求

1. 人造革、皮革或织锦缎包于五夹板外面，为使面层具有挺括、丰满，中间放一层厚海绵。

2. 操作时，先将五夹板边刨直，沿一个方向的两条边刨出斜面，中间放海绵层，用刨斜边的两边压入人造革或织锦缎，并用铁钉钉于木墙筋上，另两侧不压织物，则钉于木墙筋上，然后将织锦缎或人造革拉紧、织物和该板上包的织物，一起钉入木墙筋，另一侧不压织物需钉牢。在木墙筋上钉五夹板，其板的接缝应在木筋上。

3. 包矿渣棉于墙筋上，铺钉方法与上法基本相同，铺钉后要求表面不见钉口，在暗钉钉完后，再以电化铝帽头钉于分块的四角。

4. 现装墙面的衬底多为海绵或发泡塑料，裱糊时先钉在墙面上，然后把人造革、皮革或织锦缎直接装钉在海绵或发泡塑料表层上。

5. 软质材料在居室装潢中，除沙发软垫及高片床板外，在墙面上裱糊应用不多。其他天然材料的壁纸是将草、麻、木材、树叶、草底等直接粘贴在墙面上。

**四、施工质量要求**

1. 壁纸、墙布的种类、规格、图案、颜色和燃烧性能等级必须符合设计要求及国家现行标准的有关规定。

2. 裱糊工程基层处理质量应符合《建筑装饰装修工程质量验收规范 KGB 50210－2001》要求。

3. 裱糊后各幅拼接应横平竖直，拼接处花纹、图案应吻合，不离缝，不搭接，不显拼缝。

4. 壁纸、墙布应粘贴牢固，不得有漏贴、补贴、脱层、空鼓和翘边。

5. 裱糊后的壁纸、墙布表面应平整，色泽应一致，不得有波纹起伏、气泡、裂缝、皱折及斑污，斜视时应无胶痕。

6. 复合压花壁纸的压痕及发泡壁纸的发泡层应无损坏。

7. 壁纸、墙布与各种装饰线、设备线盒应交接严密。

8. 壁纸、墙布边缘应平直整齐，不得有纸毛、飞刺。

9. 壁纸、墙布阴角处搭接应顺光，阳角处应无接缝。

# 模块四　墙柱面喷塑施工

## 一、喷塑概述

### （一）喷塑的概念

喷塑是一项新的施工工艺，它立体感强、造型千姿百态、色泽鲜艳、耐久性好、施工效率高，近几年来常用于居室墙面及顶棚的装饰。

### （二）喷塑施工的优点

1. 装饰效果好

喷塑既有乳胶漆色彩丰富的一面，又具有浮雕式图案的优美，因而这种新的装饰工艺，将涂料的色彩及光泽度好的优点，与装饰抹灰所制作的浮雕式图案效果结合起来，取长补短，较之单独使用，效果更胜一筹。

2. 操作工艺简单

喷塑涂料施工，是将喷点料装在一个特别的喷枪内，然后用压缩空气将喷点料喷到墙面，再通过辊压或不辊压等工序，就会在墙面上得到栩栩如生的图案。

3. 功效快

喷塑涂料施工是多层次的，但这种多层次是采用不同的手段来获得不同效果，与其他装饰工艺相比，喷塑涂料施工工效是有些工种的几倍，甚至几十倍。

4. 工程造价比较低

从工程决算中可看出，仅略高于水刷石装饰，而远远低于玻璃马赛克和花岗石墙面。

## 二、喷塑涂层结构

喷塑涂层的结构可以分为底层、中间层、面层3层。从使用的材料上，可以分为底漆、喷点漆、面漆3种，如图3－12所示。

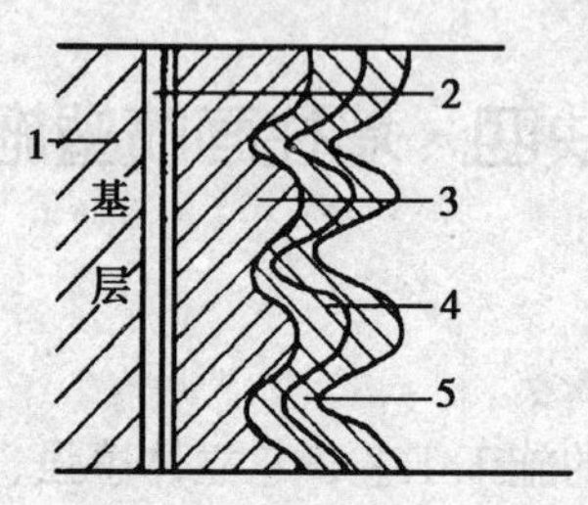


1. 基层；2. 底漆；3. 喷点；4. 头道面漆；5. 二道面漆

**图3－12 喷塑涂层的结构示意图**

### （一）底层

底层主要作用是封底，可以防止硬化后的水泥砂浆抹灰层中的可溶性盐渗出而破坏面漆，它是涂层与基层之间的连接层，有利于提高涂层与基层之间的黏着力，同时可以进一步清理基层表面的灰层，使一部分悬浮的灰尘颗粒固定于基层。

底漆所选用的材料一般要求抗碱性能好，如有可能，最好同面漆配套使用。自行选配要注意品种与面漆吻合，否则反而破坏面层与底层的黏结。

### （二）中间层

喷点是指涂层的中间层，中间层又称为骨架。喷点施工对表层的装饰效果影响较大，在底漆干燥后，通常在12小时后进行喷点施工。

1. 合成乳液喷点料

其主要成分是合成乳液、填充料、辅助剂等，这种类型喷点大致可分为硬化型和弹性型两种。

（1）硬化型。有单组分和双组分两种，以单组分喷点料最为普遍，主要成分为丙烯酸酯聚合物。双组分的主要成分是环氧乳液与聚酰胺，其硬度、黏结、防火性能均佳。

（2）弹性型。主要材料为丙烯酸橡胶，与水泥基层有良好的黏结性能，并富有弹性，在墙身受到一定外力的情况下，能够保持较好的完整性。

这种喷点料施工方便，和基层具有良好的黏结力，并具有一定的强度，喷点料固体含量较高，一般均在65%~70%。由于合成乳液喷点料在黏度及黏结力方面都比较好，且成形后喷点柔软适合，当用胶棍将圆点压平时，花纹外形自然、圆滑，所以高层建筑及高级装饰多用合成乳液喷点料。

2. 硅酸盐类喷点料

其主要成分是水泥、矿砂通常配以增稠剂、缓凝剂等助剂。喷小点时，可适当多加一点水，使浆体稀一些。喷大点时，浆体要稠一些，但加水多少合适，主要根据喷点成形或操作是否顺利决定。

因为喷点料是以硅酸盐为主体，所以具有耐碱、而水性高、硬度大、价格较低等优点。但施工时，由于水泥加水搅拌后2小时即开始硬化，所以施工时只能随用随配，最好在1小时内用完，施工比较麻烦。喷点完毕，应注意养护3天左右，使其强度逐渐增硬。

（三）面层

面漆根据所用的材料，可分为油性面漆和水性面漆两种。油性面漆所用的稀释剂是香蕉水，水性面漆稀释剂是水。如果从组分上分类，有单组分面漆和双组分面漆。面层涂饰面漆砂要两遍，以求达到光泽度和色彩均匀的效果。

**三、喷塑施工**

（一）施工工艺流程

基层处理→上底油→喷占料→喷塑的压花→上面油→分格缝上色。

（二）施工要点

1. 基层处理

（1）基层要有一定的强度，如果是水泥砂浆抹灰基层，其抗压强度应不小于7兆帕。

（2）基层表面要平整并略有粗糙为佳。对于大面积的墙面抹灰，应按中、高级抹灰操作工艺的要求施工，用木抹子压光。其他板材拼装的基层，须注意拼缝处的表面平整。基层应干燥，含水率不宜大于10%。

（3）基层表面应干净，对残留的灰渣、油污及浮尘等均应清除干净。

2. 喷底油

底油可用喷枪喷涂，也可做刷涂，也可用毛辊滚涂，目前采用滚涂和喷涂者为多。底油一般固体含量小，底油施工后的墙面不是很明显，故应注意施工接槎部位，避免漏喷漏涂。

底油施工前，应对基底进行全面验收。如果底油施工与基层施工不是同一单位，应该由建设单位组织验收，对于基底存在的问题，特别是影响涂层黏结、使用安全及耐久性方面的质量问题，应采取措施解决。

3. 喷点料

正式喷涂前应根据设计要求喷涂样板；喷涂时应试喷，如果发生糊嘴现象，可加水稀释。喷点的大小，环境温度的高低，均是影响加水量的因素。使用桶装的合成乳液喷点料，事先须用搅拌器充分搅拌，以防使用时稠度不均和沉淀。

施工时，将调好的骨架材料，用小勺装入喷枪的料斗内，扭动开关，用空气压缩机送出的风作动力，将喷点料通过喷嘴射向墙面。喷点的规格有大、中、小三档之分，根据设计要求而选用不同规格的喷嘴（喷嘴与喷枪系以螺纹连接）。喷点与喷枪工作的关系，见表3-4。

**表3－4　喷点与喷抢工作的关系**

| 喷点规格 | 喷枪嘴内径（毫米） | 工作压力（兆帕） | 说明 |
| --- | --- | --- | --- |
| 大点 | 8～10 | 0.5 | 根据喷点规格，还可调节风压开关，以喷点均匀为度 |
| 中点 | 6～7 | 0.5 | |
| 小点 | 4～5 | 0.5 | |

对于不该喷的部位，应采取遮挡措施，如外墙的门窗，室内的吊顶与地面等处。但外墙门窗数量多，不容易全部遮盖，常用的方法是用三夹板做一个挡箭牌一类的设备，喷到哪个窗或门的附近，即用门或窗洞口那么大的挡板进行遮挡。所以，喷点料操作宜三人同时进行。一人在前面举挡板保护不该喷涂部位，中间者喷涂，后者进行压平工作，以形成流水作用。同时也便于三人轮换喷涂，因为喷涂作业的劳动强度较大。

喷点操作的移动速度要均匀，不宜忽快忽慢。其行走路线可根据施工需要由上到下或左右移动。喷枪在正常情况下其喷嘴距墙50～60厘米为宜，喷头与墙面呈60～90度夹角。如倾斜喷涂，以浆料不溢出为度。如果喷涂顶棚，可采用顶棚喷涂专用喷嘴。

4. 喷塑的压花

喷点过后有压平与不压平之别，如果需要将喷到墙上的圆点压平，喷点后5～10分钟，便可用胶棍蘸松节水，在塑性的圆点上均匀地轻轻碾压，始终要上下方向滚动，将圆点压扁，使之成为具有立体感的压花图案。这种压花用的棍子可现场制作，用塑料管，将其两端堵住，安上手柄便可使用。这种棍子的要求是表面光滑、平整，蘸松节水的目的是增加接触面的润滑程度。圆点是否要压平，主要取决于设计。但在一般情况下大点都需要压平，使其不致突出表面太多而影响美观，将其压扁呈花瓣状即能获得较美的装饰效果。

5. 上面油

合成乳液喷点，喷后一天便可以涂面漆。如骨架喷点系采用硅酸盐类喷点料，在常温下需要 7 天左右才可涂面油。

面油色彩应按设计要求将色浆一次性配足，以保证整个喷塑饰面的色泽均匀。如采用喷涂，宜喷两道，第一道喷水性面油，第二道喷油性面油。

6. 分格缝上色

如果基层有分格条，面油涂饰后即行揭去，对分格缝可按设计要求的色彩重新描绘。

（三）施工注意事项

1. 对于不该喷的部位，要采取适当的保护措施，以免喷后增加清理工作量。因为喷射时，喷嘴呈扇形喷射，散射的面比较大，所以要采取遮盖的方法。

2. 一般用三夹板做成一个似挡箭牌形状的挡板，喷到哪就挡到哪，所以喷涂操作一般宜三人同时进行，一人在前边举板遮挡，中间一人进行喷涂，后边一个人进行压平。

3. 喷点的密度一般应根据设计认可的样板为准，但喷点要有一定的密度与厚度。

# 第四单元　地面装饰装修工程施工

## 模块一　大理石、花岗岩及预制水磨石地面施工

石材饰面板可分为天然石饰面板和人造石饰面板两大类：前者有大理石、花岗石和青石板饰面板等，后者有预制水磨石、预制水刷石和合成石饰面板等。

小规格的饰面板（一般指边长不大于 400 毫米，安装高度不超过 1 米时）通常采用与釉面砖相同的粘贴方法安装，大规格的饰面板则通过采用连接件的固定方式来安装。

**一、满贴法施工**

薄型小规格块材，边长小于 40 厘米，可采用粘贴方法。

1. 进行基层处理和吊垂直、套方、找规矩，其他可参见镶贴面砖施工要点有关部分。要注意同一墙面不得有一排以上的非整砖，并应将其镶贴在较隐蔽的部位。

2. 在基层湿润的情况下，先刷黏结胶素水泥浆一道（内掺适量黏结胶），随刷随打底，底灰采用 1∶3 水泥砂浆，厚度约 12 毫米，分两遍操作，第一遍约 5 毫米，第二遍约 7 毫米，待底灰压实刮平后，抹底子灰表面划毛。

3. 待底子灰凝固后便可进行分块弹线，随即将已湿润的块材抹上厚度为 2～3 毫米的素水泥浆，内掺适量黏结胶进行镶贴（也可以用胶粉），用木槌轻敲，用靠尺找平找直。

**二、安装法施工**

大规格块材，边长大于 40 厘米，镶贴高度超过 1 米时，可

采用以下安装方法。

1. 钻孔、剔槽

安装前先将饰面板按照设计要求用台钻打眼，事先应钉木架使钻头直对板材上端面，在每块板的上下两个面打眼，孔位打在距板宽的两端1/4处，每个面各打两个眼，孔径为5毫米，深度为12毫米，孔位距石板背面以8毫米为宜（指钻孔中心）。如大理石或预制水磨石、磨光花岗石宽度较大时，可以增加孔数。钻孔后用金刚錾子把石板背面的孔壁轻轻剔一道槽，深5毫米左右，连同孔眼形成象鼻眼，以备埋没铜丝之用。如图4－1所示。

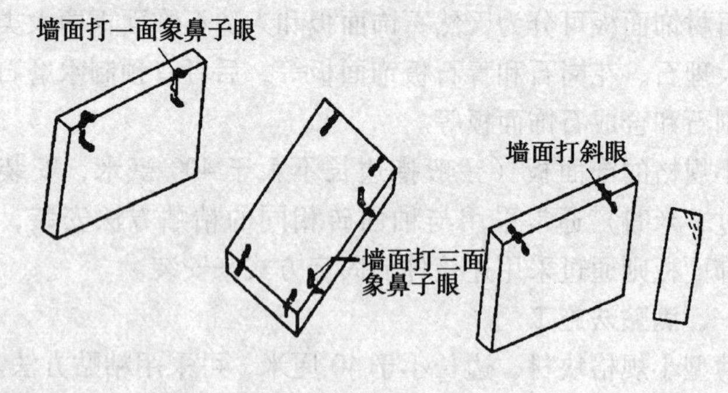


**图4－1　墙面打眼示意**

2. 穿铜丝

把备好的铜丝剪成长20厘米左右，一端用木楔粘环氧树脂将铜丝楔进孔内固定牢固，另一端将铜丝顺孔槽弯曲并卧入槽内，使大理石或预制水磨石、磨光花岗岩上、下端面没有铜丝突出，以便和相邻石板接缝严密。

3. 绑扎钢筋网

首先剔出墙上的预埋筋，把墙面镶贴大理石或预制水磨石的部位清扫干净。先绑扎一道竖向46钢筋，并把绑好的竖筋用预埋筋弯压于墙面。横间钢筋为横扎大理石或预制水磨石、磨光花岗岩板材所用，如板材高度为60厘米时，第一道横筋在地面以上10厘米处与主筋绑牢，用作绑扎第一层板材的下口固定铜丝。

第二道横筋绑在50厘米水平线上7～8厘米，比石板上口低2～3厘米处，用于绑扎第一层石板上口固定铜丝，再往上每60厘米绑一道横筋即可。按照设计要求事先在基层表面绑扎好钢筋网，与结构预埋件绑扎牢固，如图4－2所示。

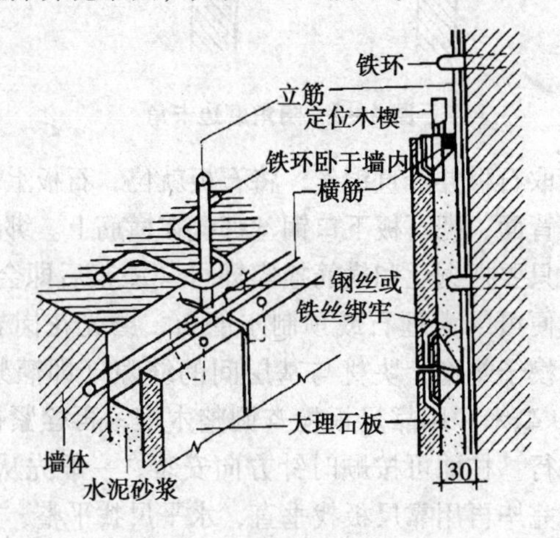


**图4－2　大理石传统安装方法**

4. 弹线

首先将大理石或预制水磨石、磨光花岗岩的墙面、柱面和门窗套用大线坠从上至下找出垂直。应考虑大理石或预制水磨石、磨光花岗岩板材厚度、灌注砂浆的空隙和钢筋所占尺寸，一般大理石或预制水磨石、磨光花岗岩外皮距结构面的厚度应以5～7厘米为宜。找出垂直后，在地面上顺墙弹出大理石、磨光花岗岩或预制水磨石板等外轮廓尺寸线（柱面和门窗套等同）。此线即为第一层大理石、磨光花岗岩或预制水磨石等的安装基准线。编好号的大理石、磨光花岗岩或预制水磨石板等在弹好的基准线上画出就位线，每块留1毫米缝隙（如设计要求拉开缝，则按设计规定画出缝隙）。凡位于阳角处相邻两块板材，宜磨边卡角（图4－3）。

5. 安装大理石或预制水磨石、磨光花岗岩

图 4-3 阳角磨边卡角

按部位取石板并舒直铜丝，将石板就位，石板上口外仰，右手伸入石板背面，把石板下口铜丝绑扎在横筋上。绑时不要太紧可留余量，只要把铜丝和横筋拴牢即可（灌浆后即会锚固），把石板竖起，便可绑大理石或预制水磨石、磨光花岗岩板上口铜丝，并用木楔子垫稳，块材与基层间的缝隙（即灌浆厚度）一般为 30～50 毫米。用靠尺板检查调整木楔，再栓紧铜丝，依次向另一方进行。柱面可按顺时针方向安装，一般先从正面开始。第一层安装完毕再用靠尺板找垂直，水平尺找平整，方尺找阴阳角方正，在安装石板时如发现石板规格不准确或石板之间的空隙不符，应用铅皮垫牢，使石板之间缝隙均匀一致，并保持第一层石板上口的平直。找完垂直、平整、方正后，用碗调制熟石膏，把调成粥状的石膏贴在大理石或预制水磨石、磨光花岗石板上下之间，使这两层石板结成一整体，木楔处亦可粘贴石膏，再用靠尺板检查有无变形，等石膏硬化后方可灌浆（如设计有嵌缝塑料软管者，应在灌浆前塞放好）。图 4-4 为花岗石分格与几种缝的处理示意图。

6. 灌浆

把配合比为 1：2.5 水泥砂浆放入半截大桶加水调成粥状（稠度一般为 8～12 厘米），用铁簸箕舀浆徐徐倒入，注意不要碰大理石、磨光花岗岩或预制水磨石板，边灌边用橡皮锤轻轻敲击石板面使灌入砂浆排气。第一层浇灌高度为 15 厘米，不能超过石板高度的 1/3；第一层灌浆很重要，因要锚固石板的下口铜

丝又要固定石板，所以要轻轻操作，防止碰撞和猛灌。如发生石板外移错动，应立即拆除重新安装。

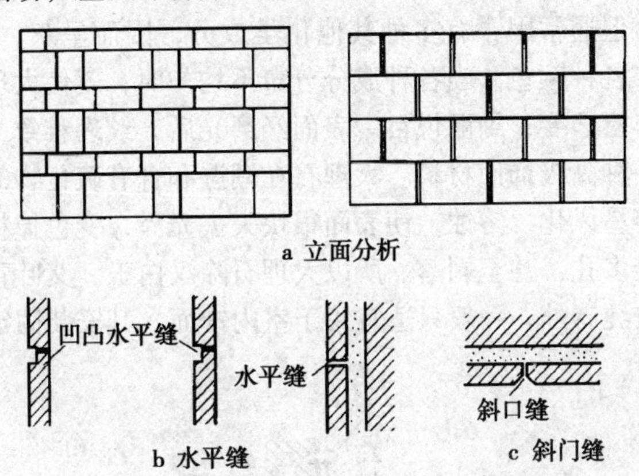


图 4 –4　花岗石分格与几种缝的处理示意

第一次灌入 15 厘米后停 1 ~ 2 小时，等砂浆初凝，此时应检查是否有移动，再进行第二层灌浆，灌浆高度一般为 20 ~ 30 厘米，待初凝时再继续灌浆。第三层灌浆至低于板上口 5 ~ 10 厘米处为止。

7. 擦缝

全部石板安装完毕后，清除所有石膏和余浆痕迹，用抹布擦洗干净，并按石板颜色调制色浆嵌缝，边嵌边擦干净，使缝隙密实、均匀、干净、颜色一致。

8. 柱子贴面

安装柱面大理石或预制水磨石、磨光花岗岩，其弹线、钻孔、绑钢筋和安装等工序与镶贴墙面方法相同，要注意灌浆前用木方子钉成槽形木卡子，双面卡住大理石板、磨光花岗岩或预制水磨石板，以防止灌浆时大理石或预制水磨石、磨光花岗岩板外胀。

### 三、大理石饰面板安装

大理石是一种变质岩，其主要成分是碳酸钙，纯粹的大理石呈白色，但通常因含有多种其他化学成分，因而呈灰、黑、红、黄、绿等各种颜色。当各种成分分布不均匀时，就使大理石的色彩花纹丰富多变，绚丽悦目。表面经磨光后，纹理雅致，色泽鲜艳，是一种高级饰面材料。大理石在潮湿和含有硫化物的大气作用下，容易风化、溶蚀，使表面很快失去光泽，变色掉粉，表面变得粗糙多孔，甚至剥落。所以大理石除汉白玉、艾叶青等少数几种质较纯者外，一般只适宜用于室内饰面。其安装固定示意见图 4－5。

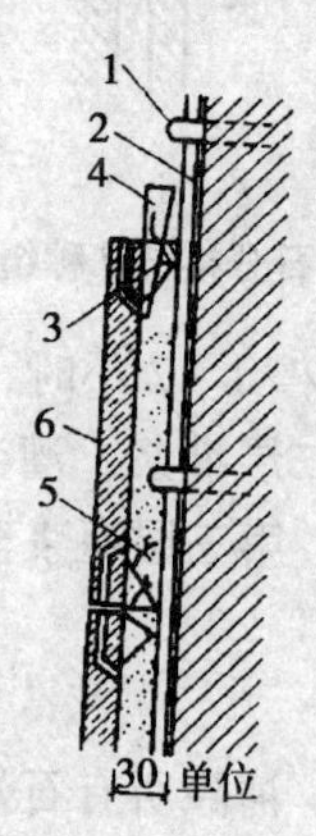


1. 铁环；2. 立筋；3. 横筋；4. 定位木楔；5. 铁丝；6. 大理石板

**图 4－5　大理石安装固定示意（单位：毫米）**

规格大理石饰面板的安装方法有传统的湿作业法和改进的湿作业法两种。

传统的湿作业法安装其安装施工过程如下。

1. 预拼及钻孔

安装前，先按设计要求在平地上进行试拼，校正尺寸，使宽度符合要求，缝子平直均匀，并调整颜色、花纹，力求色调一致，上下左右纹理通顺，不得有花纹横、竖突变现象。试拼后再分部位逐块按安装顺序予以编号，以便安装时对号入座。对已选好的大理石，还应进行钻孔剔槽，以便穿绑铜丝或不锈钢丝与墙面预埋钢筋网绑牢，固定饰面板。

2. 绑扎钢筋网

首先剔出预埋筋，把墙面（柱面）清扫干净，先绑扎（或焊接）一道竖向钢筋（直径 6 毫米或直径 8 毫米），间距一般为 300 ~ 500 毫米，并把绑好的竖筋用预埋筋弯压于墙面，并使其牢固。然后将横向钢筋与竖筋绑牢或焊接，以作为拴系大理石板材用。若基体未预埋钢筋，可用电钻钻孔，埋设膨胀螺栓固定预埋垫铁，然后将钢筋网竖筋与预埋垫铁焊接，后绑扎横向钢筋。

3. 弹线

在墙（柱）面上分块弹出水平线和垂直线，并在地面上顺墙（柱）弹出大理石板外廓尺寸线。

4. 安装

从最下一层开始，两端用块材找平找直，拉上横线，再从中间或一端开始安装。安装时，按部位编号取大理石板就位，先将下口铜丝绑在横筋上，再绑上口铜丝，用靠尺板靠直靠平，并用木楔垫稳，再将铜丝系紧，保证板与板交接处四角平整。

5. 临时固定石板

找好垂直、平整、方正后，在石板表面横竖接缝处每隔 100 ~ 150 毫米用调成糊状的石膏浆（石膏中可掺加 20% 的白水泥以增加强度，防止石膏裂缝）予以粘贴，临时固定石板，使该层石板成一整体，以防止发生移位，如图 4 - 6 所示。

6. 灌浆

待石膏凝结、硬化后，即可用 1 ∶ 2.5 水泥砂浆（稠度一般为 100 ~ 150 毫米）分层灌入石板内侧缝隙中，每层灌注高度为 150 ~ 200 毫米，并不得超过石板高度的 1/3。灌注后应插捣密实。只有待下层砂浆初凝后，才能灌注上层砂浆。如发生石板位移错动，应拆除重新安装。

7. 嵌缝

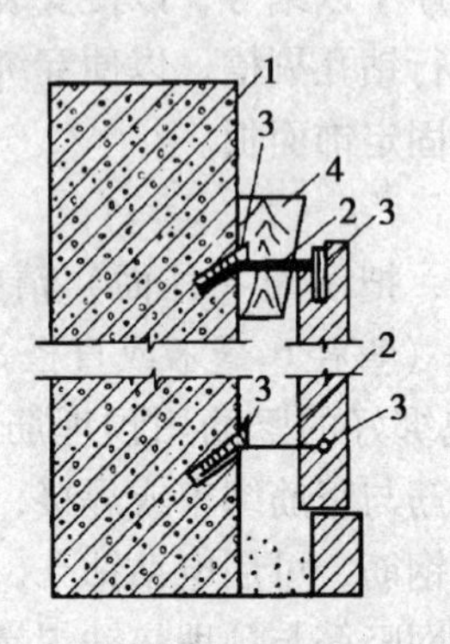


1. 墙体；2. “U”形钉；3. 大理石板；4. 定位木楔

**图4－6　大理石板就位固定示意**

全部石板安装完毕，灌注砂浆达到设计的强度标准值的50%后，即可清除所有固定石膏和余浆痕迹，用麻布擦洗干净，并用与石板相同颜色的水泥浆填抹接缝，边抹边擦干净，保证缝隙密实，颜色一致。大理石安装于室外时，接缝应用干性油腻子填抹。全部大理石板安装完毕后，表面应清洗干净。若表面光泽受到影响，应重新打蜡上光。

**四、花岗石饰面板安装**

天然花岗石是一种火成岩，主要由长石、石英和云母等组成，按其结晶颗粒大小可分为伟晶、粗晶和细晶3种。品质优良的花岗石结晶颗粒分布细而均匀，云母少而石英含量多。花岗石岩质坚硬密实、强度高。有深青、紫红、粉红、浅灰、纯黑等多种颜色，并有均匀的黑白点。其具有耐久性好、坚固不易风化、色泽经久不变、装饰效果好等优点，是一种高级装饰材料，用它做装饰层显得庄重大方，高贵豪华。多用于室内外墙面、墙裙和楼地面等的装饰。

根据加工方法的不同，天然花岗石饰面板的类型主要有剁斧板材、机刨板材、粗磨板材和磨光板材 4 种。细磨抛光的镜面花岗石饰面板的安装方法有湿作业方法（分传统的与改进的）和干作业方法。

# 模块二　碎拼大理石地面施工

## 一、碎拼大理石地面施工基本做法

碎拼大理石地面又称冰裂纹地面，是采用经过挑选的、不规则的大理石碎块，不规则地铺贴在水泥砂浆找平层上，用水泥砂浆或水泥石粒浆填补块料间的缝隙而形成的。

碎拼大理石地面的构造层次与大理石、花岗石和预制水磨石地面相同。如图 4－7 所示。

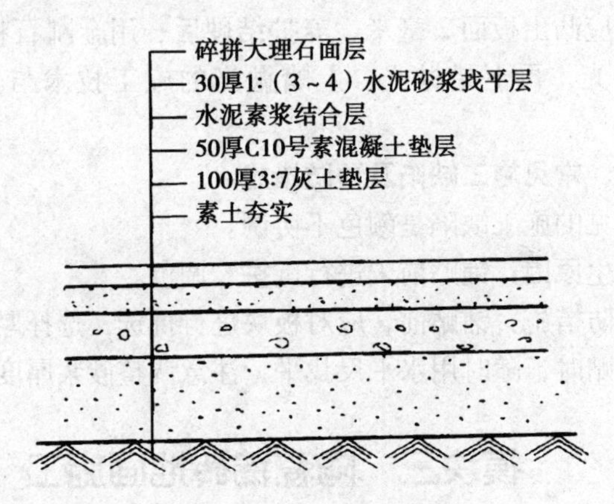


**图 4－7　碎拼大理石地面的构造**

## 二、碎拼大理石地面施工前的准备工作

（一）施工机具

施工机具主要有磨石机、磨石、钢卷尺、水平尺、墨斗、尼龙线、靠尺、木刮尺、木槌或橡皮锤、木抹子、铁抹子、小灰铲、喷水壶、茅草刷、擦布、合金扁凿等。

(二) 施工材料

施工材料主要有碎大理石块、硅酸盐水泥、普通水泥或矿渣水泥、粗砂、石粒地板蜡、川蜡或石蜡。

(三) 基层处理

清除基层表面的浮灰、油垢及垃圾，用水清洗干净。提前一天用水湿润表面。

**三、碎拼大理石地面的施工技能**

碎拼大理石地面的施工工艺流程为：弹线→试拼→试排→扫浆→铺结合层砂浆→铺地面板→填缝→养护→磨缝→上蜡。

碎拼大理石地面的铺贴施工方法与大理石地面的铺贴基本相同。石板间的缝隙可大可小，互相搭配贴出各种图案；缝隙可用同色水泥色浆嵌抹，做成平缝，也可以嵌入彩色水泥石粒浆。嵌抹时，应凸出板面 2 毫米，养护结硬后、用金刚石将凸缝磨平，面层磨光，再上蜡抛光。上蜡抛光的施工技术与大理石地面相同。

**四、常见施工缺陷及预防措施**

常见的施工缺陷是颜色不协调。

产生原因：铺贴前未进行试拼、调色。

预防措施：铺贴前，应对板块进行挑选，选择厚薄一致的板材；铺贴时，随时用水平尺找平，注意调整砂浆厚度。

## 模块三　陶瓷锦砖地面施工

**一、混凝土墙面贴陶瓷锦砖**

(一) 基层处理

基层处理应先将凸出墙面的混凝土剔平，对大钢模施工的混凝土墙面应凿毛，并用钢丝刷满刷一遍，再浇水湿润。或采用“毛化处理”的办法，即先将表面尘土、污垢清理干净，用 10% 氢氧化钠水将墙面的油污刷掉，随之用清水将碱液冲净、晾干。

在填充墙与混凝土接槎处，应采取防止开裂的加强措施，当采用加强网时，加强网与各基体的搭接宽度不应小于200毫米，接槎处两侧均分。然后用1∶1水泥细砂浆内掺少量胶合剂，喷或用笤帚将砂浆甩到墙上，其甩点要均匀，终凝后浇水养护，直至水泥砂浆疙瘩全部粘到混凝土光面上，并具有一定的强度（用手掰不动为止）。

(二) 吊垂直、套方、找规矩、贴灰饼

根据墙面结构平整度找出贴陶瓷锦砖的规矩，如果是高层建筑物在外墙面全部贴陶瓷锦砖时，应在四周大角和门窗口边用经纬仪打垂直线找直；如果是多层建筑时，可从顶层开始用特制的大线坠绷铁丝吊垂直，然后根据陶瓷锦砖的规格、尺寸分层设点、做灰饼。横线则以楼层为水平基线交圈控制，竖向线则以四周大角和层间贯通柱、垛子为基线控制。每层打底时则以此灰饼作为基准点进行冲筋，使其底层灰做到横平竖直、方正。同时要注意找好突出檐口、腰线、窗台、雨篷等饰面的流水坡度和滴水线（槽），其深、宽不小于10毫米，并整齐一致，而且必须是整砖。

(三) 抹底子灰

底子灰一般分两次操作，先刷一道掺适量胶合剂的水泥素浆，紧跟着抹头遍水泥砂浆，其配合比为1∶2.5或1∶3（体积比），并掺适量胶黏剂，第一遍厚度宜为5毫米，用抹子压实。第二遍用相同配合比的砂浆按冲筋抹平，用木杠刮平，低凹处事先填平补齐，最后用木抹子搓出麻面。当抹灰层厚度超过20毫米时，必须采取加固措施；底子灰抹完后，隔天浇水养护。

(四) 弹控制线

贴陶瓷锦砖前应放出施工大样，根据具体高度弹出若干条水平控制线，在弹水平线时，应计算陶瓷锦砖的块数，使两线之间保持整砖数。如分格需按总高度均分，可根据设计与陶瓷锦砖的品种、规格定出缝子宽度，再加工分格条。但要注意同一墙面不得有一排以上的非整砖，并应将其镶贴在较隐蔽的部位。

（五）贴陶瓷锦砖

镶贴应自上而下进行。高层建筑采取措施后，可分段进行。在每一分段或分块内的陶瓷锦砖，均为自下向上镶贴。贴陶瓷锦砖时底灰要浇水润湿，并在弹好水平线的下口，支上一根垫尺，一般三人为一组进行操作。一人浇水润湿墙面，先刷上一道素水泥浆（内掺适量胶黏剂）；再抹2～3毫米厚的1：1水泥砂浆（适量胶黏剂），用靠尺板刮平，再用抹子抹平；另一人将陶瓷锦砖铺在木托板上（麻面朝上），缝抹1：1水泥细砂浆，用软毛刷子刷净麻面，再抹上薄薄一层灰浆。然后一张一张递给另一人，将四边灰刮掉，两手把住陶瓷锦砖上面，在已支好的垫尺上由下往上贴，缝子对齐，要注意按弹好的横竖线贴。如分格贴完一组，将米厘条放在上口线继续贴第二组。镶贴的高度应根据当时气温条件而定。

（六）揭纸、调缝

贴完陶瓷锦砖的墙面，要一手拿拍板，靠在贴好的墙面上，一手拿锤子对拍板满敲一遍（敲实、敲平），然后将陶瓷锦砖上的纸用刷子刷上水，20～30分钟后便可开始揭纸。揭开纸后检查缝子大小是否均匀，如出现歪斜、不正的缝，应顺序拨正贴实，先横后竖、拨正拨直为止。

（七）擦缝

粘贴后48小时，先用抹子把近似陶瓷锦砖颜色的擦缝水泥浆摊放在需擦缝的陶瓷锦砖上，然后用刮板将水泥浆往缝里刮满、刮实、刮严，再用麻丝和擦布将表面擦净。遗留在缝里的浮砂可用潮湿干净的软毛刷轻轻带出，如需清洗饰面时，应待勾缝材料硬化后方可进行。启出米厘条的缝要用1：1水泥砂浆勾严勾平，再用擦布擦净。

**二、砖墙墙面贴陶瓷锦砖**

1. 基层处理

抹灰前墙面必须清扫干净，检查窗台、窗套和腰线等处，对损坏和松动的部分要处理好，然后浇水润湿墙面。

2. 吊垂直、套方、找规矩同基层为混凝土墙面做法

**三、加气混凝土墙面贴陶瓷锦砖**

加气混凝土墙面贴陶瓷锦砖时，可酌情选用下述两种方法中的一种。

1. 用水湿润加气混凝土表面，修补缺棱掉角处。修补前，先刷一道聚合物水泥浆，然后用水泥：白灰膏：砂子 =1：3：9 混合砂浆分层补平，隔天刷聚合物水泥浆，并抹 1：1：6 混合砂浆打底，木抹子搓平，隔天浇水养护。

2. 用水湿润加气混凝土表面，在缺棱掉角处刷聚合物水泥浆一道，用 1：3：9 混合砂浆分层补平，待干燥后，钉金属网一层并绷紧。在金属网上分层抹 1：1：6 混合砂浆打底（最好采取机械喷射工艺），砂浆与金属网应结合牢固，最后用木抹子轻轻搓平，隔天浇水养护。其他做法同混凝土墙面贴陶瓷锦砖。

## 模块四　木质地面施工

木地面是一种传统的地面，由松木、硬杂木、水曲柳、红木等材料制成。木地面具有古朴大方、脚感弹性好、导热系数小、美观、隔振等特点，是一种理想的地面装饰材料。

按木地面的构造，可分为空铺木地面和实铺木地面；按其面层做法，又可分为单层木地面和双层木地面。

**一、木质地面施工前的准备工作**

（一）施工机具

施工工具主要有钢卷尺、墨斗、磨刀石、方尺、折尺、割角尺、油漆刷、撬棍、旋具、手铲、斧子、锤子、单线刨、手锯、

凿子、铁冲子、钎子棍、电锯、电刨、台钻、手电钻、冲击钻、刨地板机、磨地板机、刮胶板、排笔、开刀、牛角板、砂纸、烘蜡器、电烙铁及其他辅助工具。

（二）施工材料

施工材料主要有木龙骨、撑木、垫木，最好用红白松。毛地板为杉木，硬木地板为水曲柳、柞木、核桃木、黄檀木等，进口木材可选用北美橡木、枫木或榉木等，木踢脚板、防潮纸、胶黏剂、镀锌铁丝、隔音材料。

**二、木质地面的施工技能**

（一）空铺木地板

空铺木地板的施工工艺流程为：地垄墙顶弹线→干铺油毡一层→铺压沿木、垫木→安装木龙骨、钉剪刀撑→弹线、钉毛地板→找平、刨平→弹线、铺钉硬木面板→找平、刨平→弹线、钉木踢脚板→刨光、打磨→油漆。

1. 安装木龙骨

首先在地垄墙上干铺油毡一层，然后铺压沿木和垫木。在压沿木表面划出木龙骨的位置线，同时在木龙骨的端头划中线，按中线对准位置线摆放龙骨。摆放时，木龙骨端头距离墙面不少于30毫米，以利于防潮、通风。

放好木龙骨后，用地垄上预留的铁丝将木龙骨进行绑扎。然后按木龙骨标高拉水平线，用水平尺调平、刨平，也可对底部稍加砍削，以便找平，但砍削深度不得超过10毫米，并在砍削处涂防腐剂。木龙骨安装找平后，再用100毫米长的铁钉，从木龙骨两侧斜向钉入，与下部的压沿木钉牢。在木龙骨之间，每隔800毫米钉一道剪刀撑。

2. 铺设毛地板

铺双层木地板时，在木地板龙骨上先铺一层毛地板。铺设前，必须清除地板下空间的刨花、木屑等杂物，并在龙骨顶面弹出与龙骨成30度~45度角的铺钉线。

毛地板的拼缝方式，一般采用高低缝。铺钉时，应使木板的髓心向上，板间缝隙小于3毫米的板的接头必须设在木龙骨上，留出2~3毫米缝隙，接头要间隔错开，不要全在一条龙骨上。木板与每根龙骨相交处，应钉两个钉子，钉的长度为板厚的2.5倍。钉头要砸扁，钉帽进入板面内2毫米，木板距离墙10~20毫米。

毛地板钉完后，在板面上弹出方格网点并抄平、刨平，边刨边用直尺检测，使表面水平度与平整度达到控制标准后，方可钉硬木面板。

3. 铺设面层板

面层板分为条木地板（图4-8，和拼花木地板（图4-9）。

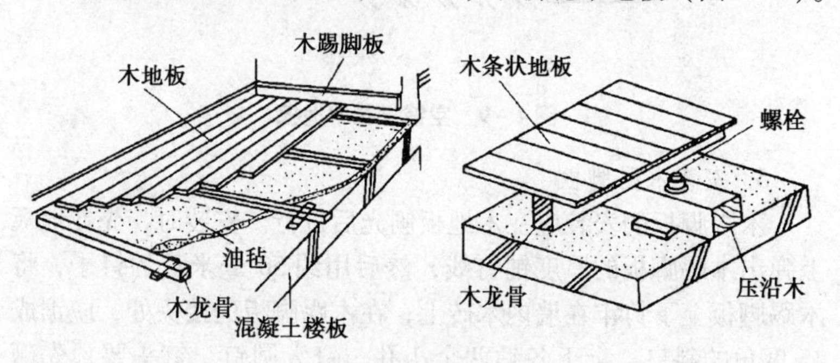


**图4-8　空铺条木地板**

4. 面层刨光、打磨

木地板铺设完毕后，在板面弹出方格线，测水平度。然后顺着木纹方向用手工刨或刨地板机刨平、刨光，边刨边用直尺检查平整度。靠墙的地板应先行刨平、刨光，以便于安装踢脚板。

刨光时，应注意消除板面的刨痕、刨茬和毛刺。刨平后，用细刨净面，检测平整度，最后用磨地板机顺木纹方向打磨，打磨厚度不宜超过1.5毫米，并应无痕迹。

如为拼花木地板，则应用刨地板机在与木纹成45度角方向上刨光，转速要大于5 000转/分钟，慢速行走，不宜太快；停机不刨时，应先将地板机提起，再关电闸，以避免因慢速旋转而咬坏地板面；在边角处，可用手刨刨光。

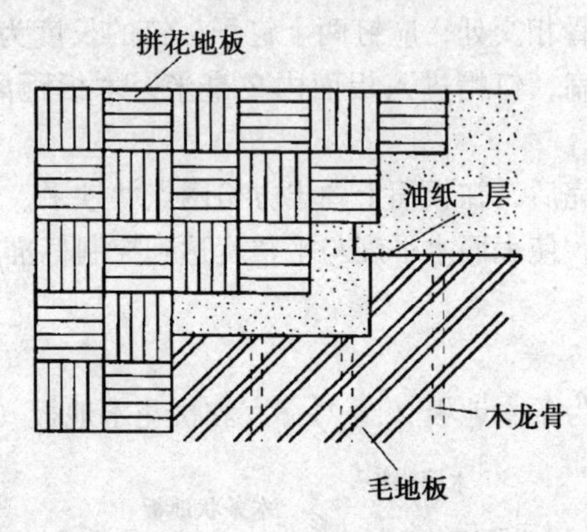


图4-9　空铺拼花木地板

5. 安装木踢脚板

木踢脚板的安装应在木地板刨光后进行。安装时，先在地板上弹出木踢脚板的厚度铺钉线，然后用约50毫米长的钉子，将木踢脚板上下钉牢在墙内木砖上；在木踢脚板的接头处，应锯成45度角的斜口，上下各钻两个小孔，钉人圆钉，钉头要预先砸扁，冲入板面2~3毫米。

6. 清漆木地板

清漆木地板是在已打磨好的硬木地板上着色、罩清漆。

（二）实铺木地面

实铺木地面的施工工艺流程为：弹线抄平→修理预埋件→安装木龙骨、撑木→弹线、钉毛地板→找平、刨平→弹线、钉硬木地板→找平、刨平→弹线、钉踢脚板→刨光、打磨→油漆。

1. 弹线、抄平

在基层上，按设计规定的龙骨间距和基层预埋件，弹出龙骨位置线，如预埋件漏埋或偏差太大，应予以修整。

2. 安装木龙骨

实铺木地面的龙骨，直接安放在基层上。当预埋件为“∩”形铁鼻子时，应将龙骨刻槽，槽深不大于10毫米，用双股铁丝将龙骨绑在“∩”形铁鼻子上。在预埋件绑扎处的龙骨下设调平垫木，然后拉线或用长直尺调平龙骨的上表面。当龙骨的固定铁件为螺栓时，在螺栓处设调平垫木，固定好龙骨，拉水平线，用直尺调平龙骨上表面。当龙骨为双层龙骨时，待下层龙骨固定后，再用木螺钉将上层龙骨固定在下层龙骨上。

3. 铺贴木地板

实铺木地面的毛地板和面层板的铺钉与空铺木地板相同。

面层板的铺设可采用钉接或粘接两种方式。当采用粘接式铺贴时，木地板的板块可以从厂家采购，也可以用单块条形木地板对缝拼接。

拼花木地板的拼缝形式可采用裁口接缝或平头接缝。拼花木地板面层应根据设计图案和尺寸弹线粘贴。其施工线的布置、弹线的方法与前面所提到的钉接式拼花木地板相同。

**三、常见施工缺陷及预防措施**

（一）行走时有响声

产生原因：木材未经过干燥处理，安装后收缩松动；木龙骨绑扎处松动；毛地板、面板钉子少且钉得不牢固；安装时自检不严格。

预防措施：企口榫应平铺，在板前钉扒钉，用楔块楔得缝隙一致再钉钉子；挑选合格的板材。

（二）表面不平

产生原因：基层不平，龙骨下垫木调得不平，地板条变形起拱。

预防措施：薄木地板的基层表面平整度应不大于2毫米；预埋铁件绑扎处铁丝绞紧后或螺栓紧固后，其龙骨顶面应用仪器抄平，如不平，应用垫木调整；地板下的木龙骨上，每档应作通风小槽，以保持木材干燥；保温隔音层填料必须干燥，以防木材受潮而引起膨胀起拱。

（三）席纹地板不方正

产生原因：施工控制线方格不方正；铺钉时找方不严格。

预防措施：施工控制线弹完后，应复检方正度，必须使其达到合格标准，否则，应返工重新弹线；坚持每铺完一块都规方、拨正。

（四）地板局部翘鼓

产生原因：地板受潮变形；毛地板拼缝太小或无缝隙；水管、气管滴漏，泡湿地板；阳台门口未采取防水措施或防水不力而导致进水。

预防措施：预制圆孔板孔内应无积水；龙骨上应刻通风槽；保温、隔音填料必须干燥；地板下应铺钉油纸隔潮；铺钉地板时，室内应干燥；毛地板拼缝应留 2～3 毫米缝隙；水管、气管试压时，地板面层刷油、打蜡应已完成；试压时，应有专人负责看管，防止出现滴漏；在阳台门口或其他外门口，应采取防水措施，严防雨水进入地板内。

（五）木踢脚板与地面不垂直、表面不平、接茬有高低

产生原因：木踢脚板翘曲；木砖埋设不牢或间距过大；木踢脚板不直，呈波浪形。

预防措施：木踢脚板靠墙一面应设变形槽，槽深 3～5 毫米，槽宽不少于 10 毫米；墙体预埋木砖间距应不大于 400 毫米；如为加气混凝土块或轻质墙时，其木踢脚板部位应砌黏土砖，使木砖能嵌牢；钉木踢脚板前，木砖上应钉垫木，垫木应平整；钉木踢脚板时，应拉通线。

（六）木质纤维板地面空鼓

产生原因：粘贴不牢，未钉钉子，受纤维板伸缩变形的影响。

预防措施：选用胶黏剂，应先试粘，合格后方能使用；每块

板四周边缘须用圆钉钉牢；硬质纤维板铺贴前，必须用清水浸泡24小时且晾干后才能使用；铺贴时，板的接缝应留有1～2毫米的缝隙；同一房间的板，其厚度应一致；找平层施工时，应做灰饼、标筋，用长刮尺刮平。

# 第五单元　门窗装饰装修工程施工

## 模块一　木门窗制作与安装

木门的主要类型有：夹板门（又称满鼓门）、镶板门（实木板、胶合板或木纤维板）、木与玻璃组合门、木质拼板门、钢木混合门及木质特种门等；另有古典式各种花格门，可使用于体现民族风格的建筑和装饰工程中。

木窗的一般形式有平开窗、中悬窗、立转窗、推拉窗、提拉窗、百叶窗及装饰性花格窗等。

**一、施工原则**

1. 门窗制作应符合设计要求，工厂化加工应有出厂合格证。

2. 门窗安装前应对门窗洞口尺寸进行检验，门窗洞口应符合设计要求。门窗的品种、规格、开启方向、平整度等应符合国家现行有关标准规定，附件应齐全。

3. 门窗的固定方法应符合设计要求。门窗框、扇在安装过程中，应防止变形和损坏。

4. 建筑外门窗的安装必须牢固。在砖砌体上安装门窗严禁用射钉固定。

5. 木门窗与砖石砌体、混凝土或抹灰层接触处应进行防腐处理并应设置防潮层；埋入砌体或混凝土中的木砖应进行防腐处理。

6. 门窗是建筑中的两个重要部分，要求开启方便，关闭紧密，坚固耐用，便于擦洗清洁和维修，而且选型和比例要求美观大方。

7. 门窗工程验收时应检查下列文件和记录：

(1) 门窗工程的施工图、设计说明及其他设计文件。

(2) 材料的产品合格证书、性能检测报告、进场验收记录和复验报告。

(3) 特种门及附件的生产许可文件。

(4) 隐蔽工程验收记录（预埋件和锚固件，隐蔽部位防腐处理及填嵌处理)。

(5) 施工记录或施工日志等。

**二、木门窗安装**

一般情况下，应先安装门窗框，后安装门窗扇。

1. 门窗框安装前应校正至方正，钉好斜拉条（不得少于两根)，无下坎的门框应加钉水平拉条，防止在运输和安装中变形。

2. 在砖石墙上安装门窗框（或成套门窗）时，应以钉子固定在墙内的木砖上。每边的固定点应不少于两处，其间距应不大于1.2米。

3. 留置门窗洞口时，宜在预留门窗洞口留出门窗框走头（门窗框上、下坎两端伸出口外部分）的缺口；在门窗框调好就位后，封砌缺口。

当受条件限制，门窗框不能留走头时，应采取可靠措施将门窗框固定在墙内的木砖上，以防在施工或使用过程中发生安全事故。

4. 当门窗的一面镶贴脸板时，则门窗框凸出墙面。凸出的厚度应等于抹灰层或装饰面层的厚度。

5. 寒冷地区的门窗框（或成套门窗）与外墙砌体空间的间隙，应填塞保温材料，保温材料要饱满均匀。

6. 门窗框与砖石砌体、混凝土或抹灰层接触部位以及固定用木砖等均应进行防腐处理。

7. 门窗披水、盖口条、压缝条、密封条安装尺寸一致，平直光滑，结合牢固、无缝隙。

8. 门窗小五金的安装，小五金应安装齐全，位置适宜，固定可靠。铰链距门窗上、下端宜取立梃高度的1/10，并避开上下冒头。安装后，应开关灵活。小五金均应用木螺丝钉固定，不得用钉子代替。应先用锤子打入1/3深度，然后拧入，严禁打入全部深度。如为硬木时，应先钻2/3深度的孔，孔径应略小于木螺钉直径。不宜在冒头与立梃的结合处安装门锁。门窗拉手应位于门窗高度中点以上，窗拉手距地面以1.5~1.6米为宜，门拉手距地面以0.9~1.05米为宜。

**三、成品保护**

1. 木门框临时保护

一般木门框安装后应用铁皮或木板皮保护，对于高级硬木门框宜用10毫米厚木板条保护。

2. 防止损坏和受潮

修刨门窗时应用木卡将门边卡牢，以免损坏门边。门窗框扇进场后应妥善管理，有条件的应入库，不论入库或露天存放，均应垫起，离开地面200~400毫米，码放整齐，上面用苫布盖好，防止受潮。

3. 及时刷底油

进场进库后应及时刷底油一道，木框靠墙一边应刷木材防腐剂进行处理。

4. 门窗扇修整

调整和修理门窗扇时不得硬撬，以免损坏扇料和五金。

5. 严禁碰撞抹灰口角

安装门窗扇时，严禁碰撞抹灰口角，防止损坏墙面灰层。

**四、施工质量验收**

木门窗制作与安装工程施工质量验收见表5-1。

**表 5－1　木门窗制作与安装工程施工质量验收**

| 检验项目 | 标准 | 检验方法 |
| --- | --- | --- |
| 主控项目 | 1. 门窗的木材品种、材质等级、规格尺寸、框扇的线型及人造木板的甲醛含量均应符合设计要求。设计未规定材质等级时所用木材的质量应符合标准 | 观察检查，检查材料进场验收记录和复验报告 |
| | 2. 窗应采用烘干的木材，含水率应符合《建筑木门、木窗》（JG/T 122）的规定 | 检查材料进场验收记录 |
| | 3. 木门窗的防火、防腐、防虫处理应符合设计要求 | 观察检查，检查材料进场验收记录 |
| | 4. 木门窗的结合处和安装配件处不得有已填补的木节。木门窗如有允许限值以内的死节及直径较大的虫眼时，应用同一材质的木塞加胶填补。对于清漆制品，木塞的木纹和色泽应与制品一致 | 观察检查 |
| | 5. 门窗框和厚度大于 50 毫米的门窗扇应用双榫连接。榫槽应采用胶料严密嵌合并应用胶楔加紧 | 观察检查，手扳检查 |
| | 6. 胶合板门、纤维板门和模压门不得脱胶。胶合板不得刨透表层单板，不得有戗胶合板门、纤维板门时，边框和横楞应在同一平面上，面层、边框及横楞应加压胶结。横楞和上、下冒头应各钻两个以上的透气孔，透气孔应通畅 | 观察检查 |
| | 7. 木门窗的品种、类型、规格、开启方向、安装位置及连接方式应符合设计要求 | 观察检查，尺量检查，检查成品门的产品合格证书 |
| | 8. 木门窗框的安装必须牢固。预埋木砖的防腐处理，木门窗框面定点的数量位置及固定方法应符合设计要求 | 观察检查，手扳检查，检查隐蔽工程验收记录和施工记录 |

（续表）

| 检验项目 | 标准 | 检验方法 |
| --- | --- | --- |
| 主控项目 | 9. 木门窗扇必须安装牢固，并应开关灵活，关闭严密，无倒翘 | 观察检查，开启和关闭检查，手板检查 |
| | 10. 木门窗配件的型号、规格、数量应符合设计要求，安装应牢固，位置应正确，功能应满足使用要求 | 观察检查，开启和关闭检查，手扳检查 |
| 一般项目 | 1. 木门窗表面应洁净，不得有刨痕、捶印 | 观察检查 |
| | 2. 木门窗的割角、拼缝应严密平整。门窗框、扇裁口应顺直，刨面应平整 | 观察检查 |
| | 3. 木门窗上的槽、孔应边缘整齐，无毛刺 | 观察检查 |
| | 4. 木门窗与墙体间缝隙的填嵌材料应符合设计要求，填嵌应饱满。寒冷地区外门窗（或门窗框）与砌体间的空隙应填充保温材料 | 轻敲门窗框检查，检查隐蔽工程验收记录和施工记录 |
| | 5. 木门窗披水、盖口条、压缝条、密封条的安装应顺直，与门窗结合应牢固、严密 | 观察检查，手板检查 |
| | 6. 木门窗制作的允许偏差和检验方法应符合规定 | |
| | 7. 木门窗安装的留缝限值、允许偏差和检验方法应符合标准的规定 | |

# 模块二　金属门窗安装

## 一、钢门窗安装

### （一）材料要求

1. 钢门窗

品种、型号应符合设计要求，生产厂家应具有产品的质量认证，并应有产品的出厂合格证，进入施工现场进行质量验收。

2. 钢纱扇

品种、型号应与钢门窗相配套，且附件齐全。

3. 水泥

采用32.5级及其以上，砂为中砂或粗砂。

4. 各种型号的机螺钉、扁铁压条安装时的预留孔应与钢门窗预留孔孔径、间距相吻合。

5. 涂刷的防锈漆及所用的铁纱均应符合图纸要求。

6. 焊条的牌号应与其焊件要求相符，且应有出厂合格证。

（二）划线定位

1. 图纸中门窗的安装位置、尺寸和标高，以门窗中线为准向两边量出门窗边线。如果工程为多层或高层时，以顶层门窗安装位置线为准，用线坠或经纬仪将顶层分出的门窗边线标划到各楼层相应位置。

2. 从各楼层室内+50厘米水平线量出门窗的水平安装线。

3. 依据门窗的边线和水平安装线做好各楼层门窗的安装标记。

（三）钢门窗就位

1. 按图纸中要求的型号、规格及开启方向等，将所需要的钢门窗搬运到安装地点，并垫靠稳当。

2. 将钢门窗立于图纸要求的安装位置，用木楔临时固定，将其铁脚插入预留孔中，然后根据门窗边线、水平线及距外墙皮的尺寸进行支垫，并用托线板靠吊垂直。

3. 钢门窗就位时，应保证钢门窗上框距过梁要有20毫米缝隙，框左右缝宽一致，距外墙皮尺寸符合图纸要求。

4. 阳台门联窗，可先拼装好再进行安装，也可分别安装门和窗，现拼现装，总之应做到位置正确、找正、吊直。

（四）钢门窗固定

1. 钢门窗就位后，校正其水平和正、侧面垂直，然后将上框铁脚与过梁预埋件焊牢，将框两侧铁脚插入预留孔内，用水把预留孔内湿润，用1:2较硬的水泥砂浆或C20细石混凝土将其填实后抹平。终凝前不得碰动框扇。

2. 3天后取出四周木楔，用1:2水泥砂浆把框与墙之间的缝隙填实，与框同平面抹平。

3. 若为钢大门时，应将合页焊到墙中的预埋件上。要求每侧预埋件必须在同一垂直线上，两侧对应的预埋件必须在同一水平位置上。

（五）裁纱、绷纱

裁纱要比实际尺寸每边各长50毫米，以利于压纱。绷纱时先将纱铺平，将上压条压好、压实，机螺钉拧紧，将纱拉平绷紧装下压条，拧螺钉，然后再装两侧压条，用机螺钉拧紧，将多余的纱用扁铲割掉，要切割干净不留纱头。

（六）刷油漆

1. 纱扇油漆

绷纱前应先刷防锈漆一道，调和漆一道。绷纱后在安装前再刷油漆一道，其余两道调和漆待安装后再刷。

2. 钢门窗油漆

应在安装前刷好防锈漆和头道调和漆，安装后与室内木门窗一起再刷两道调和漆。

3. 门窗五金应待油漆干后安装；如需先行安装时，应注意防止污染和丢失、损坏。

（七）五金配件的安装

1. 安装零附件前，应检查钢门窗开启是否灵活，关闭后是否严密，否则应予以调整后才能安装。

（1）检查窗扇开启是否灵活，关闭是否严密，如有问题必须调整后再安装。

（2）在开关零件的螺孔处配置合适的螺钉，将螺钉拧紧。当拧不进去时，检查孔内是否有多余物。若有，将其剔除后再拧紧螺钉。当螺钉与螺孔位置不吻合时，可略挪动位置，重新攻螺纹后再安装。

（3）钢门锁的安装按说明书及施工图要求进行，安好后锁应开关灵活。

2. 安装零附件宜在墙面装饰后进行，安装时，应按生产厂方的说明进行，如需先行安装时，应注意防止污染和丢失、损坏。

3. 密封条应在门窗涂料干燥后，按型号进行安装和压实。

（八）钢门窗玻璃

将玻璃装进框口内轻压使玻璃与底油灰粘住，然后沿裁口玻璃边外侧装上钢丝卡，钢丝卡要卡住玻璃，其间距不得大于300毫米，且框口每边至少有两个。经检查玻璃无松动时，再沿裁口全长抹油灰，油灰应抹成斜坡，表面抹光平。如框口玻璃采用压条固定时，则不抹底油灰，先将橡胶垫嵌入裁口内，装上玻璃，随即装压条用螺钉固定。

**二、铝合金门窗安装**

铝合金门窗安装应采用预留洞口的方法施工，不得采用边安装边砌口或先安装后砌口的方法施工。

（一）材料要求

1. 铝合金门窗的规格、型号应符合设计要求，五金配件应与门窗型号匹配，配套齐全，且应具有出厂合格证、性能检测报告、进场验收记录和复验报告。

2. 所用的零附件及固定件宜采用不锈钢件，若用其他材质必须进行防腐防锈处理。

3. 防腐材料、填缝材料、密封材料、防锈漆、水泥、砂、连接板等应符合设计要求和有关标准的规定。

4. 材料进场必须按图纸要求规格、型号严格检查验收尺寸、壁厚、配件等，如发现不符合设计要求，有劈棱、窜角、翘曲不平、表面损伤、色差较大，无保护膜等不合格材料时不得接收入库；入库材料应分型号、规格堆放整齐，搬运时轻拿轻放，严禁扔摔。

（二）划线定位

1. 根据设计图纸中门窗的安装位置、尺寸和标高，依据门窗中线向两边量出门窗边线。若为多层或高层建筑时，以顶层门窗边线为准，用线坠或经纬仪将门窗边线下引，并在各层门窗口处划线标记，对个别不直的口边应剔凿处理。

2. 门窗的水平位置应以楼层室内 +50 厘米的水平线为准向上反量出窗下皮标高，弹线找直。每一层必须保持窗下皮标高一致。

（三）墙厚方向的安装位置

根据外墙大样图及窗台板的宽度，确定铝合金门窗在墙厚方向的安装位置；如外墙厚度有偏差时，原则上应以同一房间窗台板外露尺寸一致为准，窗台板应伸入铝合金窗的窗下 5 毫米为宜。

（四）铝合金窗披水安装

按施工图纸要求将披水固定在铝合金窗上，且要保证位置正确、安装牢固。

（五）防腐处理

1. 门窗框两侧的防腐处理应按设计要求进行。如设计无要求时，可涂刷防腐材料，如橡胶型防腐涂料或聚丙烯树脂保护装饰膜，也可粘贴塑料薄膜进行保护，避免填缝水泥砂浆直接与铝合金门窗表面接触，产生电化学反应，腐蚀铝合金门窗。

2. 铝合金门窗安装时若采用连接铁件固定，铁件应进行防腐处理，连接件最好选用不锈钢件。

（六）铝合金门窗的安装就位

根据划好的门窗定位线，安装铝合金门窗框。并及时调整好门窗框的水平、垂直及对角线长度等符合质量标准，然后用木楔临时固定。

（七）铝合金门窗的固定

1. 当墙体上预埋有铁件时，可直接把铝合金门窗的铁脚直接与墙体上的预埋铁件焊牢，焊接处需做防锈处理。

2. 当墙体上没有预埋铁件时，可用金属膨胀螺栓或塑料膨胀螺栓将铝合金门窗的铁脚固定到墙上。

3. 当墙体上没有预埋铁件时，也可用电钻在墙上打 80 毫米深、直径为 6 毫米的孔，用“L”形 80 毫米 ×50 毫米的 6 毫米钢筋。在长的一端粘涂 108 胶水泥浆，然后打入孔中。待 108 胶水泥浆终凝后，再将铝合金门窗的铁脚与埋置的 6 毫米钢筋焊牢。铝合金门窗安装节点见图 5－1。

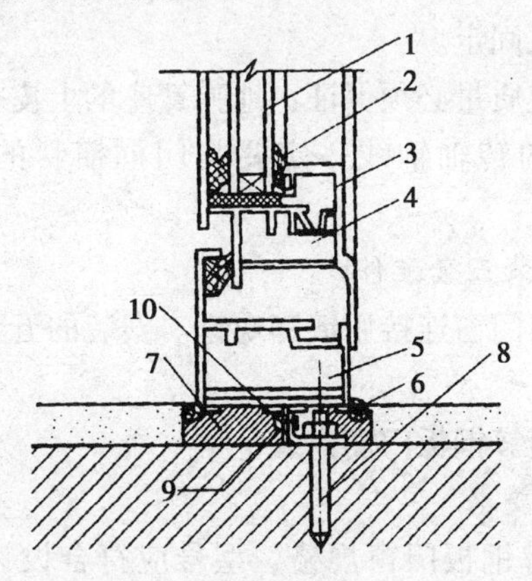


1. 玻璃；2. 橡胶条；3. 压条；4. 内扇；5. 外框；6. 密封膏；
7. 保温材料；8. 膨胀螺栓；9. 铆钉；10. 塑料垫

**图 5－1　铝合金门窗安装节点**

（八）门窗框与墙体缝隙的处理

铝合金门窗固定好后，应及时处理门窗框与墙体缝隙。如设计未规定填塞材料品种时，应采用矿棉或玻璃棉毡条分层填塞缝隙，外表面留 5～8 毫米深槽口填嵌缝膏，严禁用水泥砂浆填塞。在门窗框两侧进行防腐处理后，可填嵌设计指定的保温材料和密封材料。待铝合金窗和窗台板安装后，将窗框四周的缝隙同时填嵌，填嵌时用力不应过大，防止窗框受力后变形。

（九）铝合金门框安装

1. 将预留门洞按铝合金门框尺寸提前修理好。

2. 在门框的侧边固定好连接铁件（或木砖）。

3. 门框按位置立好，找好垂直度及几何尺寸后，用射钉或自攻螺钉将其门框与墙体预埋件固定。

4. 用保温材料填嵌门框与砖墙（或混凝土墙）的缝隙。

5. 用密封膏填嵌墙体与门窗框边的缝隙。

（十）地弹簧座的安装

根据地弹簧安装位置，提前剔洞，将地弹簧放入剔好的洞内，用水泥砂浆固定。

地弹簧安装质量必须保证：地弹簧座的上皮一定与室内地平一致；地弹簧的转轴轴线一定要与门框横料的定位销轴心线一致。

（十一）安装五金配件

五金配件与门窗连接用镀锌螺钉。安装的五金配件应结实牢固，使用灵活。

**三、涂色镀锌钢板门窗安装**

（一）材料要求

1. 涂色镀锌钢板门窗规格、型号应符合设计要求，且应有出厂合格证。

2. 涂色镀锌钢板门窗所用的五金配件，应与门窗型号相匹配，并用五金喷塑铰链，并用塑料盒装饰。

3. 门窗密封采用橡胶密封胶条，断面尺寸和形状均应符合设计要求。

4. 门窗连接采用塑料插接件螺钉，把手的材质应按图纸要求而定。

5. 焊条的型号根据施焊铁件的厚度决定，并应有产品的合格证。

6. 嵌缝材料、密封膏的品种、型号应符合设计要求。

7. 32.5 级以上普通硅酸盐水泥或矿渣水泥。中砂过 5 毫米筛，筛好备用。豆石少许。

8. 防锈漆、铁纱（或铝纱）、压纱条、自攻螺钉等配套准备，并有产品合格证。

9. 膨胀螺栓、塑料垫片、钢钉等备用。

10. 主要机具：旋具、粉线包、托线板、线坠、扳手、手锤、钢卷尺、塞尺、毛刷、刮刀、扁铲、水平尺、丝锥、扫帚、冲击电钻、射钉枪、电焊机、面罩、小水壶等。

（二）弹线找规矩

在最高层找出门窗口边线，用大线坠将门窗口边线引到各层，并在每层窗口处划线、标注，对个别不直的口边应进行处理。高层建筑可用经纬仪打垂直线。

门窗口的标高尺寸应以楼层 +50 厘米水平线为准往上返，这样可分别找出窗下皮安装标高及门口安装标高位置。

（三）墙厚方向的安装位置

根据外墙大样及窗台板的宽度，确定涂色镀锌钢板门窗安装位置，安装时应以同一房间窗台板外露宽度相同来掌握。

（四）带副框的门窗安装

带副框的门窗安装见图 5 -2。

1. 按门窗图纸尺寸在工厂组装好副框，运到施工现场，用 M5 ×12 的自攻螺钉将连接件铆固在副框上。

2. 按图纸要求的规格、型号运送到安装现场。

3. 将副框装入洞口，并与安装位置线齐平，用木楔临时固定，校正副框的正、侧面垂直度及对角线的长度无误后，用木楔牢固固定。

4. 将副框的连接件逐件用电焊焊牢在洞口的预埋铁件上。

5. 嵌塞门窗副框四周的缝隙，并及时将副框清理干净。

6. 在副框与门窗的外框接触的顶、侧面贴上密封胶条，将门窗装入副框内，适当调整，自攻螺钉将门窗外框与副框连接牢固，扣上孔盖；安装推拉窗时，还应调整好滑块。

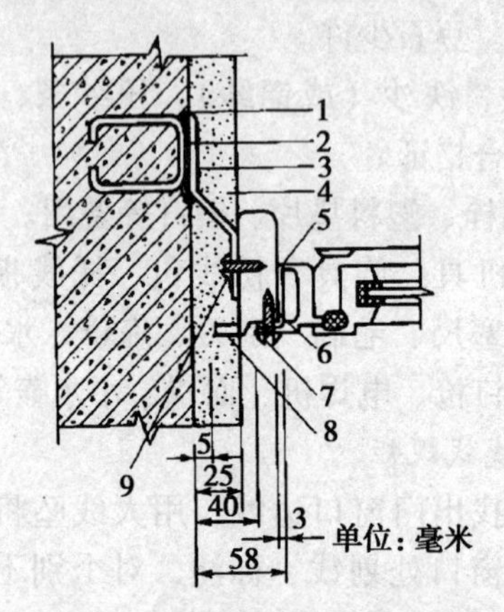


1. 预埋铁板；2. 预埋件，υ10 圆铁；3. 连接件；4. 水泥砂浆；
5. 密封膏；6. 垫片；7. 自攻螺钉；8. 副框；9. 自攻螺钉

**图 5－2　带副框涂色镀锌钢板门窗安装节点示意**

7. 副框与外框、外框与门窗之间的缝隙，应填充密封胶。

8. 做好门窗的防护，防止碰撞、损坏。

（五）不带副框的安装

不带副框的安装，见图 5－3。

其注意事项如下：

1. 按设计图的位置在洞口内弹好门窗安装位置线，并明确门窗安装的标高尺寸。

2. 按门窗外框上膨胀螺栓的位置，在洞口相应位置的墙体上钻膨胀螺栓孔。

3. 将门窗装入洞口安装线上，调整门窗的垂直度、标高及对角线长度，合格后用木楔固定。

4. 门窗与洞口用膨胀螺栓固定好，盖上螺钉盖。

5. 门窗与洞口之间的缝隙按设计要求的材料嵌塞密实，表面用建筑密封胶封闭。

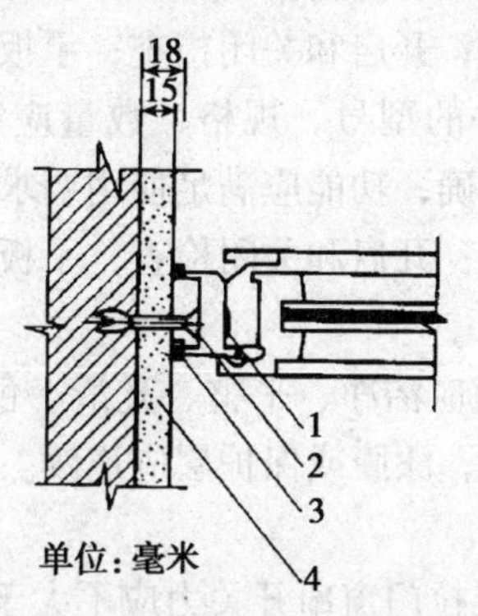


1. 塑料盖；2. 膨胀螺钉；3. 密封膏；4. 水泥砂浆

**图5－3　不带副框涂色镀锌钢板门窗安装节点示意**

**四、质量标准**

（一）一般规定

同一品种、类型和规格的门窗每 100 樘应划分为一个检验批，不足 100 樘也应划分为一个检验批。

每个检验批应至少抽查 5%，并不得少于 3 樘，不足 3 樘时应全数检查；高层建筑的外窗，每个检验批应至少抽查 10%，并不得少于 6 樘，不足 6 樘时应全数检查。

（二）主控项目

1. 金属门窗的品种、类型、规格、尺寸、性能、开启方向、安装位置、连接方式及铝合金门窗的型材壁厚应符合设计要求。金属门窗的防腐处理及填嵌、密封处理应符合设计要求。

检验方法：观察；尺量检查；检查产品合格证书、性能检测报告、进场验收记录和复验报告；检查隐蔽工程验收记录。

2. 金属门窗框和副框的安装必须牢固。预埋件的数量、位置、埋设方式、与框的连接方式必须符合设计要求。

检验方法：手扳检查；检查隐蔽工程验收记录。

3. 金属门窗扇必须安装牢固，并应开关灵活、关闭严密，无倒翘。推拉门窗必须有防脱落措施。

检验方法：观察；开启和关闭检查；手扳检查。

4. 金属门窗配件的型号、规格、数量应符合设计要求，安装应牢固，位置应正确，功能应满足使用要求。

检验方法：观察；开启和关闭检查；手板检查。

（三）一般项目

1. 金属门窗表面应洁净、平整、光滑、色泽一致，无锈蚀。大面应无划痕、碰伤，漆膜或保护层应连续。

检验方法：观察。

2. 铝合金门窗推拉门窗扇开关力应不大于100牛。

检验方法：用弹簧秤检查。

3. 金属门窗框与墙体之间的缝隙应填嵌饱满，并采用密封胶密封。密封胶表面应光滑、顺直，无裂纹。

检验方法：观察；轻敲门窗框检查；检查隐蔽工程验收记录。

4. 金属门窗扇的橡胶密封条或毛毡密封条应安装完好，不得脱槽。

检验方法：观察；开启和关闭检查。

5. 有排水孔的金属门窗，排水孔应畅通，位置和数量应符合设计要求。

检验方法：观察。

# 模块三　塑料门窗安装

## 一、塑料门窗特点

### （一）密闭性

塑料门窗使用经挤压成型的中空异型材，尺寸准确，且型材的侧面带有嵌固弹性密封条的凹槽，密封条嵌装后，门窗的气密性和水密性能大大提高。试验证明，当风速为40千米/小时时，门窗空气的泄漏量仅为0.028 3立方米/分钟。

（二）可加工性

塑料材料具有易加工成型的优点，根据设计要求的不同，只要改变成型的模具，即可挤压出适合不同的风压强度及建筑功能要求的复杂断面的中空型材，并为在一个框、扇上安装两层以上的玻璃创造了条件。

（三）装饰性

塑料门窗一次挤压成型，尺寸准确，外形挺拔秀丽、线条流畅，且可以装饰要求进行着色。从国外引进的“共挤出成型”的先进技术，即将耐久性好的彩色丙烯酸酯和白色的PVC共同挤出，使窗子的外侧力彩色的丙烯酸酯，而室内一侧为洁白色的PVC型材，因而满足了不同色调的装饰要求。

（四）经久耐性

我国长江以南湿度大的地区，沿海盐雾大的地区以及环境潮湿、有腐蚀性介质的建筑中，使用钢木门窗极易锈蚀和腐朽；寒冷地区窗上冷凝水严重，常要在双层玻璃窗之间的窗台上铺一层锯末吸水，这种做法不仅有碍卫生，冷凝水又加速了钢窗的锈蚀、木窗的变形；由于窗面上出现大面积霜冻，透光、透视的效果也受到严重的影响。而塑料门窗的耐水、耐蚀的性能好，掺用氯化聚乙烯等改性成分的改性PVC塑料门窗还具有优异的耐候性和耐风化的性能。

## 二、安装前准备

（一）门窗检查

安装前对运到现场的塑料门窗应检查其品种、规格、开启方式等是否符合设计要求；检查门窗型材有无断裂、开焊和连接不牢固等现象，发现不符合设计要求或被损坏的门窗，应进行及时修复或更换。

（二）门窗放置

按门窗预留洞口所需要安装的门窗分发、运输到位。搬运时要防止门窗相互撞击与磨损，存放时要竖直排放，远离热源，不准直接受日晒、雨淋。

（三）找准线

用水准仪找平，用墨线在洞口四周弹线，洞口中线的弹法，若为多层建筑时，应从顶层一次垂吊。

**三、塑料门窗制作**

一般而言，塑料门窗都在专门的组装厂组装成成品。甚至在国外将玻璃都在组装厂安装好后才送往施工现场安装。国内一些较为高档的产品，也常常采取这种方式供货。但因国内目前塑料门窗组装厂的网点还比较少，而且组装后的门窗经长途转运损耗又太大，客观上还存在着一些施工企业购买异型材自行组装的情况。因此，就高级施工人员而言，了解塑料门窗的组装工艺在目前情况下仍然是必需的。

1. 工艺流程

塑料门窗的制作包含两个主要方面，即塑料门的制作和塑料窗的制作。但实际上，两者在制作工艺上基本相同。所以在这里我们以塑料窗的制作为介绍内容，塑料门的制作可以此作为参考。塑料窗组装生产线常采用的工艺流程，如图 5－4 所示。

2. 型材的定长切割

组成窗框的每段型材都是按预先计算好的下料尺寸，用切割锯截成带有角度的料段。这道工序是在一台双角切割锯上进行，将型材加工成双 45 度角、双尖角或双直角的料段。

3. 型材的“V”口切割

“V”口加工要注意两点：一是“V”口深度；二是“V”口的定位尺寸。这两点往往是影响窗型尺寸的主要因素。

4. 安装增强型材

安装增强型材是为了增加塑料型材的刚度。众所周知，由于塑料的刚性较钢、木要差一些，因此，对于大面积的窗或当 PVC 窗被用于风压较大的地区（或部位）时，均需设法增加窗的刚度。但一般不采用增大截面的办法，而是采用在异型材内衬加增强型材的方法解决。一般认为，当窗框异型材的长度 >1.6 米窗扇异型材的长度 >1 米时，就必须衬用增强型材。

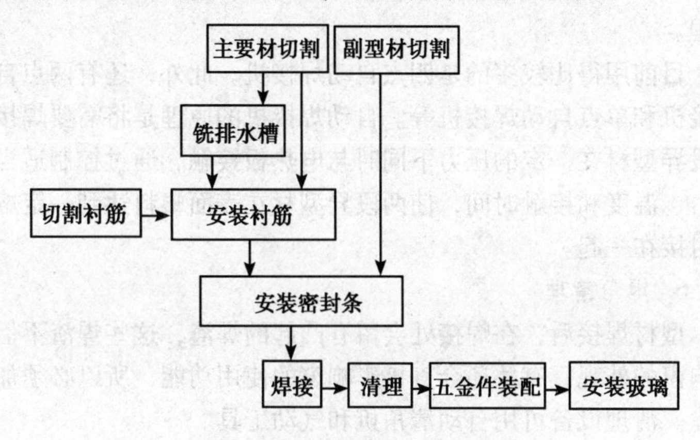


**图 5－4　塑料窗组装流程示意图**

一般情况下，塑料窗的增强型材以钢为主要造用对象。不过在某些特殊场合也可使用铝合金型材等来增强。增强型材的长度，应比框扇异型材的长度稍短一些，以不妨碍端部的角接操作为宜。在实践中，多取为框扇型材长度的 87% 左右。增强型材的位置，是在门窗异型材的主要中空腔室内，插入后用螺钉固定。当增强型材和门窗异型材的材质不同时，应使增强型材较宽松的插在中空腔室中，不能太紧，以适应不同材料温度变型的需要。

5. 焊接

塑料门窗的焊接应当采用塑料异型材专用焊接机进行，这是为了保证焊接质量的基本要求。自动焊接机的组成，主要包括三个部分：第一，夹具。是用来固定和调节异型材位置的部件，以使异型材能被准确地固定在焊接位置上。第二，焊头。焊头由电热板及调控装置构成。电热板大小及其形状可根据异型材的尺寸及焊接位置差异而更换。电热板的位置可以调节，以适应焊接不同规格窗的需要。此外，还附有一套调控电热板温度的自动装置。第三，焊接过程自动控制装置。它的作用是指挥整个焊接过程。

目前用得比较多的是四点自动焊接机，此外，还有两点自动焊接机和单点自动焊接机等。自动焊接机的原理是将需要焊接的两段异型材在一定的压力下同时与电热板接触，通过控制适当的压力、温度和接触时间，使两段异型材在表面塑料达到一定熔深时对接在一起。

6. 焊角清理

型材焊接后，在焊接处会留有凸起的焊渣，这些焊渣不但会影响窗的外观，有些还会直接影响窗的使用功能，所以必须加以清除。清理设备可用自动清角机和气动工具。

7. 密封

塑料窗根据使用要求可加单层密封、双层密封或三层密封，常用的为双层密封。窗的不同位置所采用的密封条形式也不相同。密封条的材料一般有橡胶、塑料或橡塑混合体 3 种。密封条的装配很容易，可用一小压轮便可直接将其嵌入槽中。

8. 排水槽及五金装配

窗框的排水槽是直径 5 毫米 ×20 毫米的槽孔。在多腔室的型材中，排水槽不应开在加筋的空腔内，以免腐蚀衬筋。单腔型材不宜开排水孔。进水口和出水口的位置应错开，间距一般为 120 毫米左右。排水孔的加工可用气动工具或和五金孔加工一样，在专用设备上进行。

五金装配需要很高的加工精度，是在带有定位、夹紧、铣孔和自动供钉、上钉装置等的设备上进行。

9. 玻璃的安装

在制作塑料窗时，玻璃的安装通常采用干法安装，即先在窗扇异型材一侧中空肋的凹槽内嵌入密封条，并在窗玻璃位置先放置好底座和玻璃垫块，然后将玻璃安装到位，最后将已镶好密封条的玻璃压条在中空肋对侧的预留位置上嵌固固定。如果是安装单层玻璃、三层玻璃或中空玻璃，只需换用适当的辅助异型材即可，方法是一样的。

## 四、塑料门窗安装

### （一）施工工艺流程

门窗洞口质量检查→固定片安装→安装位置确定→门窗框与墙体的连接→框与墙间缝隙处理→玻璃安装。

### （二）施工要点

#### 1. 门窗洞口质量检查

门窗洞口质量检查，即按设计要求检查门窗洞口的尺寸。若无设计要求，一般应满足下列规定：门洞口宽度加 50 毫米；门洞口高度为门框高加 20 毫米；窗洞口宽度为窗框宽加 40 毫米；窗洞口高度为窗框高加 40 毫米。门窗洞口尺寸的允许偏差值为：洞口表面平整度允许偏差 3 毫米；洞口正、侧面垂直度允许偏差 3 毫米；洞口对角线长度允许偏差 3 毫米。

（1）检查洞口的位置、标高与设计要求是否相符。

（2）检查洞口内预埋木砖的位置、数量是否准确。

（3）按设计要求弹好门窗安装位置线。

#### 2. 固定片安装

在门窗的上框及边框上安装固定片，其安装应符合下列要求：

（1）检查门窗框上下边的位置及其内外朝向，并确认无误后，再安固定片。安装时应先采用直径为直径 3.2 的钻头钻孔，然后将“十字”槽盘端头自攻 M4 × 20 拧入，严禁直接锤击钉入。

（2）固定片的位置应距门窗角、中竖框、中横框 150 ~ 200 毫米，固定片之间的间距应不大于 600 毫米。不得将固定片直接装在中横框、中竖框的挡头上。

3. 安装位置确定

根据设计图纸及门窗扇的开启方向，确定门窗框的安装位置，并把门窗框装入洞口，并使其上下框中线与洞口中线对齐。安装时应采取防止门窗变形的措施。无下框平开门应使两边框的下脚低于地面标高线 30 毫米。带下框的平开门或推拉门应使下框低于地面标高线 10 毫米然后将上框的一个固定片固定在墙体上，并应调整门框的水平度、垂直度和直角度，用木楔临时固定。当下框长度大于 0.9 米时，其中间也用木楔塞紧。然后调整垂直度、水平度及直角度。

4. 门窗框与墙体的连接

塑料门窗框与墙体的固定方法，常见的有连接件法、直接固定法和假框法 3 种。

（1）连接件法，这是用一种专门制作的铁件将门窗框与墙体相连接，是我国目前运用较多的一种方法。其优点是比较经济，且基本上可以保证门窗的稳定性。连接件法的做法是先将塑料门窗放入窗洞口内，找平对中后用木模临时固定。然后，将固定在门窗框异型材靠墙一面的锚固铁件用螺钉或膨胀螺丝固定在墙上。

（2）直接固定法，在砌筑墙体时先将木砖预埋入门窗洞口内，当塑料门窗安入洞口并定位后，用木螺钉直接穿过门窗框与预埋木砖连接，从而将门窗框直接固定于墙体上。

（3）假框法，先在门窗洞口内安装一个与塑料门窗框相配套的镀锌铁皮金属框，或者当木门窗换成塑料门窗时，将原来的木门窗框保留，待抹灰装饰完成后，再将塑料门窗框直接固定在上述框材上，最后再用盖口条对接缝及边缘部分进行装饰。

5. 框与墙间缝隙处理

由于塑料的膨胀系数较大，故要求塑料门窗框与墙体间应留出一定宽度的缝隙，以适应塑料伸缩变形的安全余量。框与墙间的缝隙宽度，可根据总跨度、膨胀系数、年最大温差计算出最大膨胀量，再乘以要求的安全系数求出，一般取 10～20 毫米。

6. 玻璃安装

（1）玻璃不得与玻璃槽直接接触，应在玻璃四边垫上不同厚度的玻璃垫块。边框上的垫块应用聚氯乙烯胶加以固定。

（2）将玻璃装进框扇内，然后用玻璃压条将其固定。

（3）安装双层玻璃时，玻璃夹层四周应嵌入隔条，中隔条应保证密封，不变形、不脱落；玻璃槽及玻璃内表面应干燥、清洁。

（4）镀膜玻璃应装在玻璃的最外层；单面镀膜层应朝向室内。

**五、塑料门窗安装质量要求**

1. 塑料门窗的品种、类型、规格、尺寸、开启方向、安装位置、连接方式及填嵌密封处理应符合设计要求，内衬增强型钢的壁厚及设置应符合国家现行产品标准的质量要求。

2. 塑料门窗框、副框和扇的安装必须牢固。固定片或膨胀螺栓的数量与位置应正确，连接方式应符合设计要求。固定点应距窗角、中横框、中竖框 150～200 毫米，固定点间距应不大于 600 毫米。

3. 塑料门窗拼樘料内衬增强型钢的规格、壁厚必须符合设计要求，型钢应与型材内腔紧密吻合，其两端必须与洞口固定牢固。窗框必须与拼樘料连接紧密，固定点间距应不大于 600 毫米。

4. 塑料门窗扇应开关灵活、关闭严密，无倒翘。推拉门窗扇必须有防脱落措施。

5. 塑料门窗配件的型号、规格、数量应符合设计要求，安装应牢固，位置应正确，功能应满足使用要求。

6. 塑料门窗框与墙体间缝隙应采用闭孔弹性材料填嵌饱满，表面应采用密封胶密封。密封胶应黏结牢固，表面应光滑、顺直、无裂纹。

7. 塑料门窗表面应洁净、平整、光滑，大面应无划痕、碰伤。

8. 塑料门窗扇的密封条不得脱槽。旋转窗间隙应基本均匀。

9. 玻璃密封条与玻璃及玻璃槽口的接缝应平整，不得卷边、脱槽。

10. 排水孔应畅通，位置和数量应符合设计要求。

# 第六单元　吊顶工程

吊顶又称“顶棚”或“天花板”，是建筑物装饰装修的重要组成部分。由于对室内空间顶部实用功能的要求不同，选择吊顶的形式和构造方式非常重要。下面将详细介绍吊顶装饰的两种构造形式——暗龙骨吊顶和明龙骨吊顶。

## 模块一　吊顶工程概述

### 一、吊顶工程概述

（一）基本概念

顶棚、天花（板）、吊顶等这些在工程中常出现的名词，其概念略有差异。

顶棚（天棚）是指室内空间梁底以上的结构和表面的总称，有时也包括屋顶构造部分，如采光顶棚。

天花（板）是指顶棚构造中连续的、面积较大的饰面层，不包括梁、架等底面较小的部位，如楼板底面。叠级天花是指顶棚构造不同标高的饰面层。

吊顶是指在建筑结构层下部悬吊的骨架和饰面层部分，通常不包含在建筑结构设计和施工当中，而由装饰工程完成。另外，也指施工过程。

顶棚最能反映室内空间的形状，营造室内空间的风格和气氛，吊顶的式样则直接影响整个室内空间的装饰效果。不仅如此，吊顶在现代建筑室内中，有时还要满足一些技术方面的要求，如保温、隔热、防火、隔声、吸声、反射光照等，以及满足风、光、暖、电等设备的安装。因此，吊顶是室内装饰工程中一项重要的工程。

（二）吊顶工程分类

常见的吊顶可按构造形式、饰面材料、骨架材料等分类方法予以区分。

1. 按构造形式不同，可分为暗龙骨吊顶和明龙骨吊顶。

2. 按使用的饰面材料不同，可分为轻钢龙骨石膏板吊顶、夹板吊顶、金属板材吊顶、金属格栅吊顶、玻璃吊顶等。

3. 按使用的骨架材料不同，可分为木龙骨吊顶、金属龙骨吊顶（包括轻钢龙骨吊顶和铝合金龙骨吊顶）。

**二、吊顶工程施工基本要求**

1. 吊顶工程涉及人身安全和使用技术要求，应备有施工图、设计说明及其他设计文件。

2. 吊顶工程所用的木龙骨、轻钢龙骨、铝合金龙骨及其配件应符合现行有关国家标准的规定，各类饰面板的质量均应符合现行国家标准、行业标准的规定，应有材料的产品合格证书、性能检测报告、进场验收报告和复验报告，并符合设计要求。

3. 工程施工过程中，应做好施工记录、隐蔽工程验收记录。施工记录包括吊顶内管道、设备的安装及水管试压，木龙骨防火、防腐处理，预埋件或拉结筋，吊杆安装，龙骨安装，填充材料的设置。

4. 安装龙骨前，应按设计要求对房间净高、洞口标高和吊顶内管道、设备及其他支架的标高进行交接检验。

5. 安装饰面板前，吊顶内的通风、水电管道及人行通道应安装完毕；消防管道应安装并试压完毕；对吊顶工程中的预埋件、钢筋吊杆和型钢吊杆应进行防锈处理；对各种管道和设备应及时进行调试和验收。

6. 吊顶内的灯槽、斜撑、剪刀撑等，应根据工作情况适当布置。

7. 吊杆距主龙骨端部距离不得大于300毫米，当大于300

毫米时，应增加吊杆。当吊杆长度大于 1.5 米时，应设置反支撑。当吊杆与设备相遇时，应调整并增设吊杆。

8. 轻型灯具应吊在主龙骨或附加龙骨上；重型灯具、电扇及其他重型设备，严禁安装在吊顶工程的龙骨上，应另设吊钩。

# 模块二　吊顶龙骨施工

## 一、木龙骨安装

木龙骨吊顶是以木质龙骨为基本骨架，配以胶合板、纤维板等作为饰面材料组合而成的吊顶体系。具有加工方便、造型能力强等优点，但是不适用于大面积吊顶。木龙骨吊顶的构造，如图 6－1 所示。

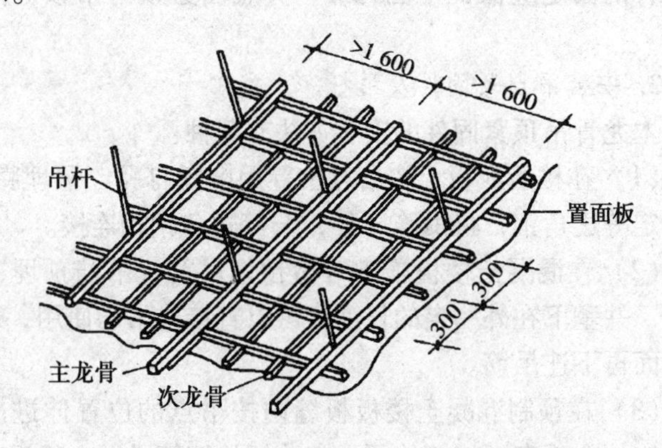


**图 6－1　木龙骨吊顶的构造示意图（单位：毫米）**

### （一）施工工艺流程

放线→固定边龙骨→安装吊点紧固件及吊杆→拼装龙骨架→安装龙骨架→龙骨架的调整。

### （二）施工要点

1. 放线

放标高线，从室内墙面的 500 毫米线向上量出吊顶的高度，四面墙兜方弹出水平线，作为吊顶的下皮标高线。

放框格造型位置线。吊顶造型位置线可先在一个墙面上量出竖向距离，再以此画出其他墙面的水平线，即得到吊顶位置的外框线，然后再逐步找出各局部的造型框架线；若室内吊顶的空间不规则，可以根据施工图纸测出造型边缘距墙面的距离，找出吊顶造型边框的有关基本点，将点再连接成吊顶造型线。

2. 固定边龙骨

传统的固定边龙骨方法是采用木楔铁钉法。其做法是沿标高线以上 10 毫米处在墙面上钻孔，在孔内打入木楔，然后将沿墙木龙骨钉于墙内木楔上。这种方法由于施工不便现在已经很少采用。目前固定边龙骨主要采用射钉固定，间距为 300 ~ 500 毫米。边龙骨的固定应保证牢固可靠，其底面必须与吊顶标高线保持齐平。

3. 安装吊点紧固件及吊杆

木龙骨吊顶紧固件的安装方法有 3 种：

（1）在楼板底板上按吊点位置用电锤打孔，预埋膨胀螺栓，并固定等边角钢，将吊筋（杆）与等边角钢相连接。

（2）在混凝土楼板施工时做预埋吊筋，吊筋预埋在吊点位置上，并垂下在外一定的长度，可以直接作吊筋使用，也可以在其上面再下连吊筋。

（3）在预制混凝土楼板板缝内按吊点的位置伸进吊筋的上部并钩挂在垂直于板缝的预先安放好的钢筋段上，然后对板缝进行细石混凝土二次浇注并做地面。

4. 拼装龙骨架

为了便于龙骨的安装，可先在地面上进行分片拼装。其拼装的顺序是：根据吊顶骨架面上分片安装的位置和尺寸，选取纵、横龙骨的型材，然后按所需要的大小片龙骨架进行拼装。

5. 安装龙骨架

安装前先根据吊顶的标高线拉出横、纵的水平基准线，然后分片吊装龙骨，确保与基准线平齐后，即可将其与边龙骨钉固。龙骨架与吊筋的固定方法要根据吊筋（杆）的情况和它们与上部吊点的构造来决定，一般可采取钉固、绑扎及钩挂的方式进行固定连接。分片龙骨架的连接方法是先将对接的端头对正、平齐，然后用短方木在龙骨架的对接处顶面或侧面钉固。

6. 龙骨架的调整

各分片木龙骨架连接固定后，在整个吊顶面的下面拉十字交叉线，以检查吊顶龙骨架的整体平整度。吊顶龙骨架如有不平整，则应再调整吊杆与龙骨架的距离。

对于一些面积较大的木骨架吊顶，为有利于平衡饰面的重力以及减少视觉上的下坠感，通常需要起拱。一般情况下，吊顶面的起拱可以按照其中间部分的起拱高度尺寸略大于房间短向跨度的1/200即可。

## 二、轻钢龙骨安装

轻钢龙骨吊顶是以轻钢龙骨作为吊顶的基本骨架，以轻型装饰板材作为饰面层的吊顶体系，常用的饰面板有纸面石膏板、矿棉装饰吸声板、装饰石膏板等。轻钢龙骨吊顶质轻、高强、拆装方便、防火性能好，广泛地用于大型公共建筑及商业建筑的吊顶。

### （一）轻钢龙骨吊顶的特点

1. 自重轻，使建筑物自重大为降低。

2. 装配化施工，干作业，使劳动条件大为改善，有利于实现装修施工工厂化，提高劳动生产率。

3. 具有优良的防火性能和一定的防潮性能，普通石膏板一般不宜用于相对湿度70%以上的室内工程。

4. 刚度大，安全可靠。

5. 以钢代木，节约木材，这对于木材极度贫乏的我国意义尤为重大，据测算每万平方米建筑面积，可节约木材200立方米。

（二）施工工艺流程

放线→弹线→固定边龙骨→安装吊杆→安装主龙骨→安装次龙骨→安装横撑龙骨。

（三）施工要点

1. 放线

放线包括吊顶标高线、造型位置线、吊点位置线等；其中吊顶标高线和造型位置线的确定方法与木龙骨吊顶相同。

2. 弹线

从内墙面的500毫米基准线上返找出吊顶的下皮标高，沿房间四周的墙面弹出水平线，再按主龙骨要求的安装间距弹出龙骨的中心线，找出吊点的位置中心（装配式楼板吊点中心应避开板缝），并充分考虑吊点所承受载荷的大小和楼板自身的强度。吊点的间距一般应不超过1米，距龙骨的端部应不超过300毫米，以防承载龙骨下坠。

3. 固定边龙骨

墙体为砖砌体，边龙骨可直接钉固在预埋的防腐木砖上；混凝土墙体可以钉固在吊顶标高基准线上的预埋木楔内，也可以采取射钉的方法固定。边龙骨固定的钉距控制在900～1 000毫米为宜。

4. 安装吊杆

所有吊点处理好后即可安装吊杆。吊杆与吊点的连接方法因吊点的预埋件不同而异，一般有焊接、拧固、勾挂或其他方法等。若楼板未做预埋件，可以临时采取射钉或电锤打孔，预埋膨胀螺栓的办法解决。吊杆安装前要计算准确所需要的长度，下端需套制螺纹的应保证螺纹长度留有调节的余地，并要配备好螺母，以备拧固之用。图6－2所示为上人吊顶与吊杆的固定；图6－3所示为不上人吊顶与吊杆的固定。

5. 安装主龙骨

主龙骨与吊挂件连接在吊筋上，并拧紧固定螺母。调平的方法可以采用60毫米×60毫米的木方按主龙骨间距钉圆钉，将龙骨卡住做临时固定，按十字和对角拉线，拧动吊杆上的螺母进行升降调整。调平时需注意，主龙骨的中间部分应略有起拱，起拱高度略大于房间短向跨度的1/200。

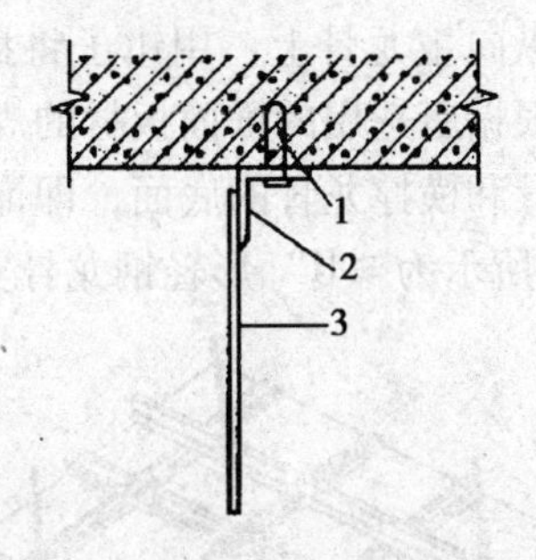


1. 射钉（膨胀螺栓）；2. 角钢；3. 吊杆

**图6－2　上人吊顶与吊杆的固定**

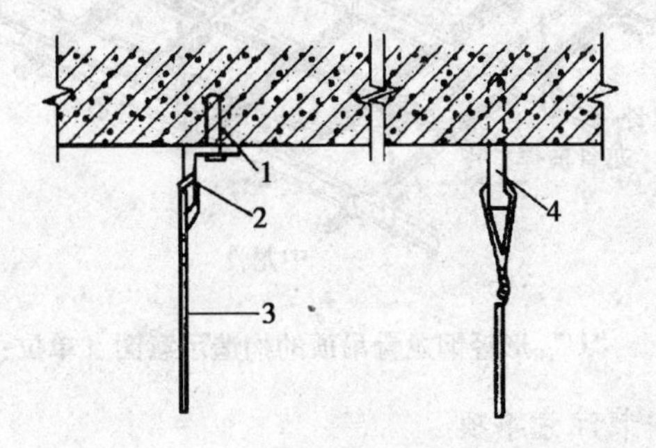


1. 射钉（膨胀螺栓）；2. 角钢；3. 直径4吊杆；4. 带孔射钉

**图6－3　不上人吊顶与吊杆的固定**

6. 安装次龙骨

次龙骨应垂直于主龙骨安装，次龙骨是以吊挂件位于交叉点固定在主龙骨之上。挂件的“U”形腿子用钳子卧入主龙骨内，上端则搭接在主龙骨上。次龙骨的中距应计算准确并经翻样确定。次龙骨的中距计算时，要考虑饰面板安装时要求离缝（缝宽尺寸）还是密缝等。

7. 安装横撑龙骨

用次龙骨截取横撑龙骨，横撑龙骨应与次龙骨呈垂直布置，安装在吊顶罩面板的拼缝处。安装时，将截取合适的次龙骨端头插入挂插件，扣在纵向主龙骨上，用钳子将挂搭弯入主龙骨内。横撑龙骨的间距要根据所选用的饰面板材的规格和尺寸的大小确定。安装好的主龙骨和横撑龙骨的底面，即饰面板的背面应在同一平面内，图6－4所示为“U”形轻钢龙骨安装示意图。

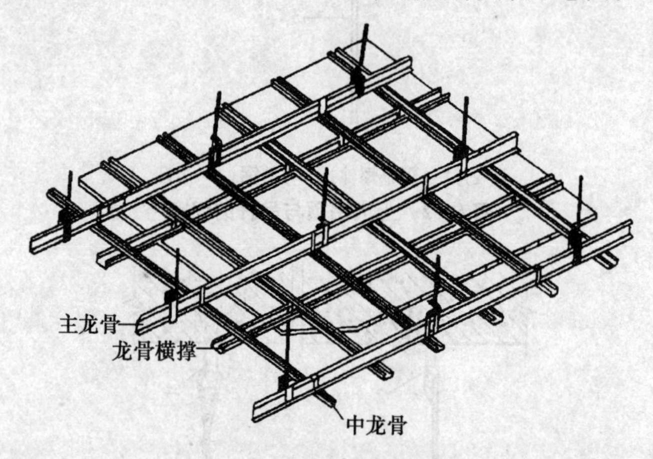


**图6－4　“U”形轻钢龙骨吊顶的构造示意图（单位：毫米）**

（四）安装注意事项

1. 龙骨在运输过程中，不得随便扔摔、碰撞，在室内放置时，应放在平整的地面上，并采取一定的措施防止龙骨变形或生锈。

2. 吊顶施工前，顶棚内所有管线，如空调管道、消防管道、供水管道等必须全部安装就位并基本调试完毕。

3. 吊筋、膨胀螺栓都应采取一定的防锈处理。

4. 龙骨在安装时应留好空调口、灯具等电气设备的位置和尺寸。龙骨接长的接头应错位安装。

5. 各种连接件与龙骨的连接应紧密，不允许有过大的缝隙和松动现象。上人龙骨安装后其刚度应符合设计要求。

6. 顶棚内的轻型灯具可吊装在主龙骨或附加龙骨上，重型灯具或电扇则不得与吊顶龙骨连接，而应与结构相连。

**三、铝合金龙骨安装**

铝合金龙骨吊顶属于轻型活动式吊顶，其饰面板用搁置、卡接、黏结等方法固定在铝合金龙骨上。外观装饰效果好，具有良好的防火性能，在大型公共建筑室内吊顶应用较多。铝合金龙骨吊顶也分有上人和不上人的两种。

（一）施工工艺流程

放线→固定边龙骨→弹线分格→固定吊杆→安装主龙骨→安装次龙骨与横撑龙骨。

（二）施工要点

1. 放线

确定龙骨的标高线和吊点位置线。其标高线的弹设方法与木龙骨的标高线弹设方法相同，其水平偏差也不允许超过 ±5 毫米。吊点的位置根据吊顶的平面布置图来确定，一般情况下吊点距离为 900 ~ 1 200毫米，注意吊杆距主龙骨端部的距离不得超过 300 毫米，否则应增设吊杆。

2. 固定边龙骨

将角铝边龙骨的底面与事先弹出的吊顶标高线对齐，然后用射钉枪以水泥钉按 400 ~600 毫米的间距钉固在墙面上。

3. 弹线分格

根据饰面板的尺寸确定出纵、横龙骨中心线的间距尺寸，经实测后先画出分格方案图，标准分格尺寸应置于吊顶中部，不标准的分格应置于顶面不显眼的位置。然后将定位的位置线画到墙面或柱面上，并同时在楼板底面弹出分格线，找出吊点，做上标记。

4. 固定吊杆

吊杆要根据吊顶的龙骨架是否上人来选择固定方式，其固定方法与“U”形轻钢龙骨的吊杆固定相同。

5. 安装主龙骨

龙骨的安装顺序是先将主龙骨提起略高于标高线的位置并做临时固定，主龙骨全部安装就位后，即可安装横撑龙骨。横撑龙骨与主龙骨的连接方式可以采用配套的钩挂配件。

6. 安装次龙骨与横撑龙骨

如果是上人吊顶，采用专门配套的铝合金龙骨的次龙骨吊挂件，上端挂在主龙骨上，挂件腿卧入“T”形次龙骨的相应孔内。如果是不上人吊顶，在不安装主龙骨的情况下，可以直接选用“T”形吊挂件将吊杆与次龙骨连接。

横撑龙骨与次龙骨的固定方法比较简单，横撑龙骨的端部都带有相配套的连接耳可以直接插接在次龙骨的相应孔内。要注意检查其分格尺寸是否正确，交角是否方正，纵横龙骨交接处是否平齐。次龙骨与横撑龙骨的间距要根据吊顶饰面板的规格而定。

(三) 安装注意事项

1. 施工时用力不能过大，防止龙骨产生弯曲变形，影响使用和美观。吊顶的平整度应符合要求。

2. 吊顶与柱面、墙面、电气设备的交接处，应按设计节点大样的要求施工，并使节点处具有较好的装饰性。

3. 轻型灯具应吊在主龙骨或附加龙骨上，重型灯具或其他重型吊挂物不得与吊顶龙骨连接，应另设悬吊构造。

## 模块三 暗龙骨吊顶

暗龙骨吊顶是指龙骨隐蔽在饰面板内部，以饰面板表现天棚整体效果的一种吊顶形式。

## 一、施工原则

1. 吊顶工程的木吊杆、木龙骨和木饰面板必须进行防火处理，并应符合有关设计防火规范的规定。

2. 吊顶工程中的预埋件、钢筋吊杆和型钢吊杆应进行防锈处理。

3. 安装饰面板前，应对吊顶内龙骨的布局、管道设施等进行隐蔽检查验收。

4. 吊杆距主龙骨端部距离不得大于300毫米，当大于300毫米时，应增加吊杆。当吊杆长度大于1.5米时，应设置反支撑。当吊杆与设备相遇时，应调整并增设吊杆。

5. 重型灯具、电扇及其他重型设备，严禁安装在吊顶工程的龙骨上。

6. 吊顶标高、尺寸、起拱和造型应符合设计要求。

7. 吊顶工程的吊杆、龙骨和饰面材料的安装必须牢固。

8. 吊杆、龙骨的安装间距及连接方式应符合设计要求。金属吊杆、龙骨应经过表面防腐处理；木吊杆、龙骨应进行防腐、防火处理。

9. 暗龙骨吊顶石膏板的接缝应按其施工工艺标准进行板缝防裂处理。安装双层石膏板时，面层板与基层板的接缝应错开，并不得在同一根龙骨上接缝；明龙骨吊顶饰面材料应稳固严密，饰面材料与龙骨的搭接宽度应大于龙骨受力面宽度的2/3。

## 二、材料质量要求及施工作业条件

### （一）材料质量要求

1. 吊顶材料的品种、规格、图案和颜色应符合设计要求。进场后，应按规定进行抽样检查，其技术性能指标应符合质量标准的规定。当使用人造木板作吊顶材料时，应在使用前对板材的甲醛含量进行复验，合格后才能使用。

2. 各类饰面板不应有气泡、起皮、裂纹、缺角、污垢和图案不完整等缺陷，表面应平整，边缘应整齐，色泽应一致。穿孔板的孔距应排列整齐；暗装的吸声材料应有防散落措施。胶合板、木质纤维板不应脱胶、变色和腐朽。

3. 胶黏剂的类型应按所用饰面板的品种配套选用，现场配制的胶黏剂，其配合比应由试验确定。

（二）施工作业条件

1. 施工前，对吊顶固定处的基体进行结构检查，质量应符合有关国家标准的规定，并能满足吊杆施工要求及承重要求，在现浇板或预制板缝中，应按设计要求设置埋件或吊杆。对特殊结构部位或特殊楼板结构（如预应力楼盖或保温楼面），应检查埋件数量、间距、质量等。

2. 吊顶前，应对使用的龙骨材料进行认真检查筛选，对饰面板应按设计规格、颜色等进行分类配备。

3. 安装龙骨前，应按设计要求对房间净高、洞口标高和吊顶内管道、设备及其支架的标高进行交接检验。

4. 安装饰面板前，应完成吊顶内管道、设备的调试及验收。

**三、木龙骨架饰面板吊顶**

用木材作龙骨，用胶合板、纤维板、吸音板、刨花板等板材作饰面材料的吊顶称为木龙骨架饰面板吊顶。其施工操作要点如下：

1. 根据吊顶施工平面图，弹线布置吊点，确定预埋件位置。

2. 安设吊点、吊筋

现浇钢筋混凝土或预制楼板板缝中，预埋直径 6 或直径 8 钢筋，间距按设计要求，当无设计要求时，其间距一般为 1 000 毫米。

当对既有建筑进行二次装修吊顶时，可按设计要求在现浇楼板底打眼下膨胀螺栓直接固定木方作吊点，再钉木方吊筋下引主龙骨。严禁在多孔预制板上钻孔设置吊筋。

在三角木屋架下吊顶，应按边线在下弦两侧钉上吊筋（均应钉两个钉子），再把主龙骨置于下弦下面使吊筋夹住主龙骨，并用圆钉钉牢。

3. 弹水平控制线

根据结构标高+500毫米水平控制线，顺墙高量至设计顶棚标高，沿墙四周弹出水平线，并在水平线上划出主龙骨分档位置线。

4. 主龙骨安装

将预埋钢筋弯成环形圆钩穿8号镀锌铅丝或直径6用或直径8）吊筋螺栓将大龙骨固定，并保证满足标高要求。若无设计要求，起拱高度一般为房间跨度的1/200～1/300。

5. 次龙骨安装

（1）次龙骨底面应刨光、刮平，截面厚度应一致。

（2）次龙骨间距应按设计的饰面板规格确定。若设计无要求，一般为500米或600毫米。

（3）按次龙骨间距在四周墙上的水平线位置及大龙骨上划出分档线。按分档线定位安装通长的两根边龙骨于防腐木砖上。拉线后每根次龙骨按起拱的标高，通过短木吊筋将次龙骨用圆钉固定于主龙骨上（为了确保起拱准确，面积较大的房间可设支撑）。吊筋要逐根错开，不得吊在龙骨的同一侧面上，通长的次龙骨对接接头应错开，采用双面夹板用圆钉错位钉牢，接头两侧最少各钉2个钉子。

在三角形木屋架下吊顶时，次龙骨钉于主龙骨上，主龙骨上可加吊筋与檩条吊牢。吊筋应偏向檩条两端，以免檩条下垂。

（4）安装卡档次龙骨。在通长的次龙骨底面，根据饰面板规格尺寸及接缝要求，沿横向弹分档线，以底面找平，将卡档次龙骨钉固于通长次龙骨之间。钉好后须将其调整在同一标高上。

6. 防腐、防火处理

龙骨骨架安装好后，顶棚内所有明露铁件应刷防锈漆；龙骨与墙、柱接触面应刷防腐油。顶棚内所有木龙骨应刷防火涂料。

7. 饰面板安装

饰面板安装可根据饰面板材不同采用不同的安装方法。

（1）圆钉钉固法。采用胶合板或纤维板作饰面板时，先按设计要求加工成所需的规格板材备用。

钉板前，每条纵横次龙骨上应弹出中心线，以确保分缝线条垂直。钉板时，若发现超线，应用木刨进行修整，确保分缝线均匀，同时注意饰面板的花纹应拼接一致。

用长25毫米圆钉钉固，钉距80毫米，钉帽低于板面2毫米，钉帽用腻子刮平，进行二次油漆以防生锈。

（2）螺钉紧固法。饰面板选用装饰石膏板等饰面板材时可用镀锌木螺钉紧固。

安装装饰石膏板前应先将石膏板按螺钉位置钻好孔，然后将石膏板用自攻螺钉紧固。

**四、轻钢龙骨纸面石膏板吊顶**

以轻质高强的薄壁型钢为顶棚骨架的主（大）、次（小）龙骨，以纸面石膏板为顶棚的饰面板材，这种顶棚为轻钢龙骨纸面石膏板吊顶。其面层材料可以采用装饰石膏板、穿孔吸声石膏板、钙塑泡沫装饰吸声板、聚氯乙烯塑料装饰板、矿棉吸音板等顶棚装饰材料。

轻钢龙骨纸面石膏板吊顶龙骨有两种构造做法：中、小龙骨紧贴大龙骨，底面吊挂（即不在同一水平面）称双层构造；大、中龙骨底面在同一水平上，或不设大龙骨直接挂中龙骨称单层构造。后者仅用于轻型吊顶。

轻钢龙骨纸面石膏板吊顶施工操作要点如下：

1. 根据设计的吊顶高度在墙上放线，其水平允许偏差±5毫米。

2. 吊杆安装

（1）吊杆的选择。轻钢龙骨吊顶可依据设计或标准图选用吊杆。一般情况下，轻型吊顶选用直径6钢筋作吊筋，中型、重型吊顶选用直径 8 钢筋作吊筋。如果设计有特殊要求，荷载较大，则需经结构设计与验算确定。

（2）依据设计或标准图确定吊点间距。一般不上人吊顶间距 1 200 ~ 1 500毫米，上人吊顶间距 900 ~ 1 200毫米。

（3）吊杆的固定。对于现浇混凝土顶板可在结构施工时预埋吊杆或预埋铁件，使吊杆与铁件焊接。在旧建筑物或混凝土多孔预制板下可采用后置埋件将吊点铁件固定。注意吊点的设置，严禁破坏主体结构，吊筋和预埋件应做好防锈处理。

（4）吊杆安装时，上端应与埋件焊牢，下端应套螺纹，配好上下螺帽，端头螺纹外露不少于 3 毫米。

3. 龙骨安装

（1）大龙骨可用吊挂件与吊杆连接，拧紧螺钉卡牢。大龙骨的连接可用连接件接长。安装好后进行调平，考虑吊顶的起拱高度，应不小于房间短向跨度的 1/200。

（2）中龙骨用吊挂件与大龙骨固定。中龙骨间距依板材尺寸而定。当间距大于 800 毫米时，中龙骨之间应增加小龙骨，与中龙骨平行，并用吊挂件与大龙骨固定，其下表面与中龙骨在同一水平上。

（3）在板缝接缝处应安装横撑中、小龙骨，横撑龙骨用平面连接件与中、小龙骨固定。

（4）最后安装异形顶或窗帘盒处的异形龙骨（或角铝龙骨）。

4. 纸面石膏板固定

固定纸面石膏板可用自攻螺钉直接用自攻螺钉枪将石膏板与龙骨固定。钉头应嵌入板面 0. 5 ~ 1 毫米。钉头涂防锈漆后用腻子找平。自攻螺钉用 5 ×25 或 5 ×35 “十字”沉头自攻螺钉。纸面石膏板接缝处理。如果是密缝，则石膏板之间应留 3 毫米板缝，嵌腻子，贴玻璃纤维接缝带，再用腻子刮平顺。如需留缝，一般为 10 毫米，此缝内可按设计要求刷色浆一道，也可用凹形铝条压缝。固定装饰石膏板等板材时，应先将板就位，用电钻（钻头直径略小于自攻螺钉直径）将板和龙骨钻通，再用自攻螺钉固定。自攻螺钉间距不大于200毫米。

## 模块四　明龙骨吊顶

明龙骨吊顶工程的特点比较明显，龙骨既是吊顶的承件，又是吊顶的饰面压条。将新型轻质饰面板搁置在龙骨上，龙骨可以外露，也可以半露；可简化纸面石膏板饰面或木质吊顶的密缝吊顶或离缝吊顶的复繁工序，既有纵横分格的装饰效果，施工安装也较为方便。明龙骨吊顶工程的类型较多，下面以铝合金“T”形龙骨轻质饰面板吊顶为例介绍其施工技术要点。

铝合金“T”形吊顶龙骨骨架由UC型轻龙骨为大龙骨，由“T”形铝合金中龙骨和小龙骨以及其配件组成。此种吊顶同轻钢龙骨纸面石膏板吊顶一样，可分为轻型、中型、重型3种，其区别在于大龙骨的截面尺寸不同。构造方式是铝合金中龙骨与小龙骨相互垂直连接紧靠着固定于大龙骨下，是双层龙骨。

轻型吊顶为不上人型，铝合金“T”形龙骨吊顶，也可采用中龙骨直接用垂直吊挂件吊挂方式，做成不承受上人荷载的吊顶。

“T”形龙骨的上人或不上人龙骨的中距都应小于1 200毫米，吊点间距900 ~ 1 200毫米；中小龙骨间距视饰面板规格而定，一般为450毫米、500毫米、600毫米。吊点的设置有预埋铁件和预埋吊杆的方式，轻质装饰板搁在“T”形铝合金龙骨上有浮搁式安装和接插式安装等。

### 一、安装工艺流程

测量弹线→安装吊点、吊筋→钉边龙骨→安装大、中龙骨→隐蔽验收→安装饰面板和横撑小龙骨→检查验收。

(一) 管理要点

1. 施工前，对材料的材质、品种、规格、图案和颜色进行抽样检查，查看是否符合设计要求。同时检查产品合格证书、性能测试报告和进场验收记录。

2. 现场重点检查预埋件安装的牢固、可靠性，吊点位置、吊顶标高、龙骨间距、节点连接等是否符合设计要求。

3. 吊顶隐蔽前，应对吊顶内龙骨的布局、管道设施等进行检查验收，合格后才能进行饰面板施工。主要查看施工企业对隐蔽工程是否及时做好验收记录，技术资料是否经监理（建设单位）签字认可，企业的质量评定是否真实。

4. 检查饰面板安装是否符合工艺操作要求。

5. 施工过程应按工艺操作要点做好工序质量监控。

(二) 控制要点

1. 上人吊顶的“U”形大龙骨安装方法及要点同“U”形轻钢龙骨吊顶。

2. 对于不上人吊顶，当采用“T”形铝合金中龙骨为主龙骨时，可用14~16号镀锌铅丝为吊筋并加反撑。

吊筋及吊点在混凝土楼板下的安装方法：

1. 将吊点紧固在楼板上或将角钢铁件用螺栓紧固在楼板上。

2. 用14~16号镀锌铅丝上端拴牢于吊点孔内，下端做成弯钩，钩住“T”形中龙骨；或用8号镀锌铅丝用中龙骨垂直吊挂件吊挂“T”形中龙骨，并加反撑，以防吊顶上下颤动。

3. 安装饰面板

成品装饰石膏板、装饰吸声穿孔石膏板、矿棉板、玻璃棉吸声板可用浮搁式安装。

带暗槽的饰面板则应将板材侧面凹槽对准“T”形中龙骨翼缘轻轻插入，从一头推向另一头，并嵌装小龙骨，依次进行。

## 二、施工质量验收

明龙骨吊顶施工质量验收应符合表6-1的规定。

**表6－1　吊顶工程施工质量验收**

| 项目 | | 标准 | 检验方法 |
|---|---|---|---|
| 暗龙骨吊顶工程 | 主控项目 | 吊顶标高、尺寸、起拱和造型应符合设计要求 | 观察检查，尺量检查 |
| | | 饰面材料的材质、品种、规格、图案和颜色应符合设计要求 | 观察检查，检查产品合格证书、性能检测报告、进场验收记录和复验报告 |
| | | 吊杆、龙骨和饰面材料的安装必须牢固 | 观察检查，手扳检查，检查隐蔽工程验收记录和施工记录 |
| | | 吊杆、龙骨的材质、规格、安装间距及连接方式应符合设计要求。金属吊杆、龙骨应经过表面防腐处理；木吊杆、龙骨应进行防腐、防火处理 | 观察检查，尺量检查，检查产品合格证书、性能检测报告、进场验收记录和隐蔽工程验收记录 |
| | | 石膏板的接缝应按其施工工艺标准进行板缝防裂处理。安装双层石音板时，面层板与基层板的接缝应错开，并不得在同根龙骨上接缝 | 观察检查 |
| | 一般项目 | 饰面材料表面应洁净、色泽一致，不得有翘曲、裂缝及缺损 | 观察检查，尺量检查 |
| | | 饰面板上的灯具、烟感器、喷淋头、风门篦子等设施的位置应合理、美观，与饰面板的交接应吻合、严密 | 观察检查 |
| | | 金属吊杆、龙骨的接缝应均匀一致，角缝应吻合，表面应平整，无翘曲、锤印，木质吊杆、龙骨应顺直，无劈裂、变形 | 检查隐蔽工程验收记和施工记录 |
| | | 吊顶内填充吸声材料的品种和铺设厚度应符合设计要求，并应有防散落措施 | 检查隐蔽工程验收记录和施工记录 |
| | | 暗龙骨吊顶工程安装的允许偏差和检验方法应符合标准的规定 | |

（续表）

| 项目 | | 标准 | 检验方法 |
| --- | --- | --- | --- |
| 明龙骨吊顶工程 | 主控项目 | 吊顶标高、尺寸、起拱和造型应符合设计要求 | 观察检查，尺量检查 |
| | | 饰面材料的材质、品种、规格、图案和颜色应符合设计要求。当饰面材料为玻璃板时，应使用安全玻璃或采取可靠的安全措施 | 观察检查，检查产品合格证书、性能检测报告和进场验收记录 |
| | | 饰面材料的安装应稳固严密。饰面材料与龙骨的搭接宽度应大于龙骨受力面宽度的2/3 | 观察检查，手扳检查，尺量检查 |
| | | 吊杆、龙骨的材质、规格、安装间距及连接方式应符合设计要求。金属吊杆、龙骨应进行表面防腐处理；木龙骨应进行防腐、防火处理 | 观察检查，尺量检查，检查产品合格证书、施工记录和隐蔽工程验收记录 |
| | | 明龙骨吊顶工程的吊杆和龙骨安装必须牢固 | 手扳检查，检查隐蔽工程验收记录和施工记录 |
| | 一般项目 | 饰面材料表面应洁净、色泽一致，不得有翘曲、裂缝。饰面板与明龙骨的搭接应平整、吻合，压条应平直、宽窄一致 | 观察检查，尺量检查 |
| | | 饰面板上的灯具、烟感器、喷淋头、风口、篦子等设备的位置应合理、美观，与饰面板的交接应吻合、严密 | 观察检查 |
| | | 金属龙骨的接缝应平整、吻合、颜色一致，不得有划伤、擦伤等表面缺陷。木质龙骨应平整、顺直，无劈裂 | 观察检查 |
| | | 吊顶内填充吸声材料的品种和铺设厚度应符合设计要求，并应有防散落措施 | 检查隐蔽工程验收记录和施工记录 |
| | | 明龙骨吊顶工程安装的允许偏差和检验方法应符合标准的规定 | |

# 参考文献

[1] 建民．建筑装饰装修工长手册．北京：中国建筑出版社，2010.
[2] 朱敬平．怎样进行建筑装饰装修工程施工．北京：中国电力出版社，2009.
[3] 贾中池．建筑装饰装修工程．北京：中国电力出版社，2010.
[4] 杜逸玲．建筑装饰装修工程．太原：山西科学技术出版社，2006.
[5] 周舟．建筑装饰装修工程实用材料手册．太原：山西科学技术出版社，2008.
[6] 王国诚．建筑装饰装修工程项目管理．北京：化学工业出版社，2006.